马铃薯农业气象服务实用技术手册

李巧珍　编著

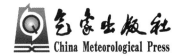

气象出版社
China Meteorological Press

内 容 简 介

本书是作者根据多年来从事农业气象一线业务服务工作的实践和试验研究成果而编写的。书中概述了气候变暖背景下马铃薯生产如何顺应天时、调整播期；阐述了马铃薯适宜播种期预测模型的建立及马铃薯产前、产中和产后全程农业气象预报的撰写及服务产品案例；介绍了马铃薯主要病虫害的识别，列举了6种马铃薯病害和4种马铃薯虫害；叙述了黑膜全覆盖双垄侧播马铃薯抗旱栽培技术；介绍了马铃薯农业气象试验研究和马铃薯农业气象指标体系；并以问答的方式介绍了马铃薯农业气象相关知识。全书共八章，图文并茂，为马铃薯农业气象业务服务和研究工作提供了翔实宝贵的文字和图像资料。

本书不仅适合气象部门广大农业气象业务服务和科研工作者阅读，同时也可供马铃薯实际生产者参考。

图书在版编目(CIP)数据

马铃薯农业气象服务实用技术手册 / 李巧珍编著
. — 北京：气象出版社，2019.5
ISBN 978-7-5029-6952-3

Ⅰ.①马… Ⅱ.①李… Ⅲ.①马铃薯-栽培技术-农业气象-气象服务-技术手册 Ⅳ.①S165-62
②S532-62

中国版本图书馆 CIP 数据核字(2019)第 064058 号

出版发行：气象出版社
地　　址：北京市海淀区中关村南大街 46 号　　　　邮政编码：100081
电　　话：010-68407112(总编室)　010-68408042(发行部)
网　　址：http://www.qxcbs.com　　　　E-mail：qxcbs@cma.gov.cn
责任编辑：张　斌　王　迪　　　　　　　　终　审：吴晓鹏
责任校对：王丽梅　　　　　　　　　　　　责任技编：赵相宁
封面设计：博雅思企划
印　　刷：三河市君旺印务有限公司
开　　本：787 mm×1092 mm　1/16　　　　印　张：11
字　　数：291 千字　　　　　　　　　　　彩　插：2
版　　次：2019 年 5 月第 1 版　　　　　　 印　次：2019 年 5 月第 1 次印刷
定　　价：60.00 元

前　言

马铃薯是重要的粮、菜、经、饲兼用作物,它是仅次于水稻、小麦、玉米的第四大作物。随着现代科学技术的发展,特别是马铃薯加工业的兴起和向纵深发展,马铃薯已成为世界性的朝阳产业,我国是世界马铃薯生产大国,近年来在品种选育、新技术应用、新产品研发等方面都取得了显著成效。

马铃薯(俗称洋芋、土豆、山药蛋),是一种非谷类的粮食作物,原产于南美洲冷凉高山区,现在种植遍及世界五大洲,公元7世纪传入我国,2015年中央1号文件明确提出,将马铃薯列为第四大主粮之一。目前我国马铃薯种植面积达8000万亩[①]以上,生产配套技术日趋成熟,集成了以农具为载体的双垄、覆膜、滴灌、水肥一体化等关键技术,并成功开发了马铃薯全粉占比35%以上的馒头、面条等主食产品和面包等休闲产品。马铃薯耐寒、耐旱、耐瘠薄,种植起来省水、省肥、省农药、省劲儿。但是马铃薯生产深受气象因子影响,风调雨顺,马铃薯可望丰收,旱涝风冻,则往往出现减产。在农业生产有了极大提高的今天,马铃薯生产仍然要受到气象条件的制约,尤其是在气候变暖的背景下,马铃薯结薯和块茎膨大期遭遇高温干旱影响,马铃薯结薯少,块茎膨大受阻,导致减产。如何让马铃薯高产稳产,即怎样让马铃薯吃饱、喝足、住得舒适,这是我国农业气象工作者一直探索研究的课题。为了解决马铃薯生产中的这一难题,定西市农业气象试验站围绕马铃薯进行了大量的试验研究,包括分期播种和最迟播种期限试验、黑白膜全覆盖增温对比试验、当年倒茬试验等。马铃薯农业气象服务集成应用技术得到了广泛的推广,取得了一定的成效。马铃薯农业气象服务案例已在全国得到普遍推广,并成为中国气象局干部培训学院、南京信息工程大学、成都信息工程大学、中国气象局干部培训学院甘肃分院等培训学院的教学案例之一。

为了让更多的马铃薯种植者、承担马铃薯农业气象服务的同行和从事马铃薯研究的农业技术工作者共享定西马铃薯试验研究成果、马铃薯农业气象服务指标、马铃薯服务产品的撰写方法等,作者根据多年的试验、调查和撰写马铃薯服务产品的粗浅体会,编写了这部《马铃薯农业气象服务实用技术手册》。

本书共分为马铃薯与气象、马铃薯农业气象预报和情报、马铃薯农业气象服务指标、马铃薯病害识别与防治、黑膜全覆盖双垄侧播马铃薯农业气象人工观测方法、马铃薯农业气象试验研究、马铃薯农业气象知识问答、马铃薯种植工具等八个部分,着重分析阐述了马铃薯农业生产过程中,如何顺应天时、遵循气候规律来制定主要对策,以应对气候变暖。

定西市农业局的专家李雪梅说,"独享享,不如众享享",他们为了让更多的人分享定西市气象局马铃薯农业气象服务产品和农业气象试验研究成果,将近年来收到的定西市马铃薯农

---

① 　1亩≈667 m²,下同。

业气象服务产品全文转载到定西农业信息网站和"定西农情"上,定西马铃薯农业气象服务产品被中国农业部、中国农业信息网、农业资讯网等多家网站全文转载,普遍点击率较高。

　　本书抱着实事求是的态度,将近十几年来定西市农业气象试验站所做的马铃薯相关试验及预测方法、预测服务案例、气候变暖后马铃薯生产的应对措施等马铃薯农业气象服务集成技术进行总结,愿倾自己微薄之力,与马铃薯种植者、研究者和服务者一道为马铃薯安全生产做出贡献。

　　深切感谢甘肃省的许多农业专家,他们围绕旱作马铃薯做了大量的工作,使我深受教益和启发,但限于个人水平,书内难免有挂一漏万和谬误之处,诚请各位专家及广大读者斧正。

李巧珍

2019 年 1 月

目　　录

第1章　马铃薯对温度和水分条件的要求

马铃薯属茄科、茄属，一年生草本植物。大田生产多采用块茎繁殖（无性繁殖），遗传性稳定，生长整齐，一般多切块穴播，也可芽栽。马铃薯原产于高寒山区，性喜凉爽气候，对温度很敏感，既不耐低温，又不抗高温，因此，在其生育期中，苗期和收获期防低温霜冻、结薯和块茎膨大期防高温热害是生产的关键。

1.1　播种—幼苗期

度过休眠期的马铃薯块茎，当温度不低于 4℃时，块茎就开始萌动，在 7～8℃时幼芽生长缓慢，10～12℃以上时，幼芽生长迅速，18℃时生长最快。块茎萌发出苗时所需养分和水分主要靠种薯本身供给。如遇到 5℃以下低温或 30℃以上高温，生长缓慢，甚至停止。

据定西农试站试验，播种后，30 g 左右的种薯块若遇土壤严重干旱，即土壤相对湿度≤30%持续 20 天左右，种薯就会失去活力，不能出苗。但若采用整薯（即一穴种一个马铃薯）播种则有所好转，同样干旱的土壤环境整薯能维持 50 天以上的生存能力（图 1.1）。

图 1.1　20 天相同环境下整薯与 30 g 种薯的薯块比较

播种后如遇低温高湿，则常常造成烂种，尤其是黑膜全覆盖双垄侧播的种薯更易腐烂。据试验，黑膜全覆盖双垄侧播马铃薯若播种前或播种后 10 天内出现总降水量≥50 mm 或日降水量≥25 mm 时，种薯就会出现腐烂，出苗率≤85%（图1.2a）。

当马铃薯幼芽露出地面并展开几片幼叶时，即进入出苗期，田间有 50% 的出苗称出苗普遍期（图 1.2b）。从播种到出苗时间的长短，随品种、温湿条件、薯块部位、种植方式、覆土深浅等不同而异。当气温为 11～14℃，0～20 cm 土壤相对湿度在 50% 左右时，出苗一般需 25～30 天时间，若遇干旱或春季低温，出苗时间有时需近两个月时间。

图 1.2　马铃薯播种后土壤过湿导致种薯腐烂

马铃薯苗期要求适宜的温度为 18～21℃，高于 30℃或低于 7℃，茎叶就停止生长，地面最低温度降到－1℃时，马铃薯叶片边缘受冻，－2.9～－1℃受冻植株占总植株数达 50％，≤－3.0℃时，全田 70％以上的植株冻死。

马铃薯苗期需水量较少，当土壤相对湿度在 50％～70％时即可满足马铃薯的生长需求，但当土壤相对湿度≤30％时持续 20 天，薯块失去生存能力，不再出苗。

1.2　花序形成—始花期

马铃薯花序形成到始花期，是结薯的时期，结薯最适宜的土壤温度为 16～18℃，≥25℃不结薯，夜间较高的温度对结薯影响更大，并影响块茎的品质。据定西市农业气象试验站试验，当夜间地温≥23℃时，日平均气温≥0℃的活动积温达 560℃·d 或以上时，马铃薯不结薯或块茎不膨大。

对马铃薯的地上茎叶生长有利的温度为 18～21℃，温度愈高，生长愈快。但地上部的茎叶生长过旺则影响地下块茎的形成。当超过 30℃时，地上茎叶生长受阻，光合作用大大减弱，叶片皱缩，造成大幅减产。所以，当预测到本年度 7—8 月有高温时就要推迟播种，让结薯和块茎膨大期躲开高温时段是夺取丰收的关键措施。

花序形成期是马铃薯一生中对土壤水分最敏感的时期，土壤相对湿度 75％～80％为宜，要求土壤疏松、通气良好，未覆膜的大田马铃薯要在此时段及时中耕松土。

1.3　块茎膨大期

马铃薯块茎膨大期是决定块茎膨大的关键期，此时地上部茎叶鲜重迅速增长达到高峰。据试验，在茎叶生长高峰出现以前，块茎与茎叶鲜重的增长呈正相关，当茎叶生长高峰出现后，茎叶生长逐渐减慢而停止，而块茎鲜重仍然增加，只是速度略有减慢。块茎膨大盛期，块茎的体积和质量迅速增长，每天每株块茎可增鲜重 20～50 g，是马铃薯一生中需肥水最多的时期，也是需肥水临界期，若遇干旱，有补灌条件的地方，早晚要及时喷灌，并重施磷、钾肥，适量施氮肥，以利增产。

图 1.3　马铃薯因旱块茎萎蔫（见彩图）

块茎膨大期，马铃薯需要凉爽的气候和充足的水分，块茎才能正常膨大，一般地温要求 16～18℃、土壤相对湿度为 70％～80％时，块茎膨大生长发育良好。如遇高温干旱，5～20 cm 土壤温度≥25℃、土壤相对湿度≤30％时，光合作用剧烈降低，茎叶和块茎生长严重受阻，部分块茎萎蔫失去活力，即使后期降雨天气转凉，块茎也不再膨大（图 1.3）。

1.4　淀粉积累期

　　马铃薯淀粉积累期,块茎体积不再增大,而重量则显著增加,此时晴朗凉爽的天气条件,才有利于有机物质继续向块茎中输送。如土壤水分过多,块茎表皮的皮孔细胞为扩大吸氧而迅速增生,会凸出薯皮的表面,导致薯皮粗糙。若土壤相对湿度≥80％持续 10 天以上,将引起烂薯,降低产量和品质(图 1.4)。因此,淀粉积累期以气温在 12～14℃,土壤相对湿度在 50％～60％为宜。

图 1.4　定西市安定区 2014 年 9 月降水特多,导致收获期马铃薯块茎腐烂(见彩图)

　　当马铃薯茎叶衰老枯黄时,地下块茎由于淀粉的积累,周皮的细胞壁木栓质会逐渐加厚,导致内外气体交换困难,块茎进入休眠状态。此时要及时采挖,避免秋季雨水多、土壤湿度大造成烂薯,尤其是黑膜全覆盖双垄侧播的马铃薯田间茎叶黄枯后块茎更易腐烂,因此,要及时采挖,防止因烂薯而造成不必要的损失。

第 2 章 马铃薯农业气象预报

凡事预则立,不预则废。马铃薯农业气象预报是根据马铃薯生育进程中对天气、气候的具体要求,结合马铃薯农业气象指标所编发的一种马铃薯专题农业气象预报。如马铃薯适宜播种期预报、马铃薯块茎膨大期预报、马铃薯农田土壤水分预报、马铃薯晚疫病发生发展预报、马铃薯产量预报、初霜早晚及强度对马铃薯后期影响预报、马铃薯价格预测及秋季和顶凌适宜覆膜期预测等。近年来,定西农试站根据马铃薯农业生产实际需要编发马铃薯农业气象预报产品,逐步实现了马铃薯农业气象预报产品的多元化(图2.1)。

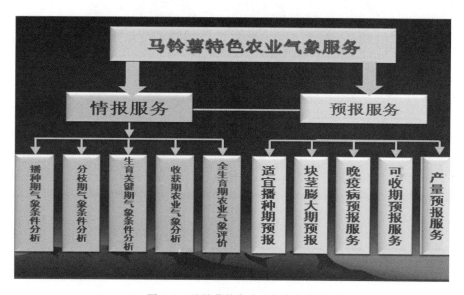

图 2.1 马铃薯特色农业气象服务

要做好马铃薯农业气象预报,首先要了解马铃薯与气象条件之间的相互关系,了解马铃薯在什么样的气象条件下生长发育最好,什么样的气象条件将危害马铃薯的正常生长发育。也就是说,要了解马铃薯生长发育时期对气象条件的要求,确定数量指标,进行综合分析,作出马铃薯农业气象预报。

2.1 马铃薯适宜播种期预测模型

马铃薯高产的核心秘密在于规避种植风险,而适时播种是最关键的环节之一。古人曰:"先时而种,则失之太早而不生;后时而播,则失之太晚而不成。"又如古代先贤贾思勰所说:"顺天时,量地利,则用力少而成功多,任情返道,劳而无获。"即马铃薯种植过程中要顺应天时,遵循自然规律,苗期和收获期避开霜冻,结薯和块茎膨大期躲过高温。播种是否适宜,不仅影响到整个马铃薯的生长发育过程,而且还影响到最终的产量和品质。马铃薯适宜播种期的预报在于帮助马铃薯生产部门适应每年变动着的气象条件,使每年的马铃薯播种后都能踏上当年的气候节律,保障马铃薯生长发育良好,丰产丰收。

气候变暖前,我国北方马铃薯大多数地方实行春播,传统播期是当土壤 10 cm 温度稳定在 7～8℃以上时即开始播种,甘肃省定西市的马铃薯传统播种期在气候变暖的今天,正好使结薯和块茎膨大期处在高温时段。近年来定西农试站通过马铃薯分期播种试验和最迟播种期限试验,总结分析得出,定西市安定区海拔约 1900 m 地域的马铃薯适宜播期较传统播种期推迟 20～30 天。推迟播种期,使马铃薯结薯和块茎膨大期避开或减轻了高温干旱的影响,产量和品质明显提高。为了使这一试验研究成果得到广泛应用推广,结合区域站温度资料、初终霜强度和早晚,农试站建立了马铃薯适宜播种期预测模型,其中海拔高度 $h \leqslant 2400$ m 的地域,适宜播种期预测模型为:

$$Y = 145 - 7.29(0.01h - 19) \tag{2.1}$$

海拔高度 $h > 2400$ m 的地域,适宜播种期预测模型为:

$$Y = 145 - 7.29(0.01h - 19) + (0.1h - 240) \tag{2.2}$$

式中,Y 为马铃薯适宜播种期的日期序数(如 5 月 23 日的日期序数为 143),h 为各乡镇海拔高度。

马铃薯适宜播种期预报的关键是对当年气候年型的预报,也就是说,要预报 7—8 月有无日最高气温≥30℃的连续高温天气、终霜结束时间、初霜早晚等,而这些预报通常采用周期分析法或相似分析法,要提前在每年 3—4 月做好,将这些主要要素预报后,有高温时才应用上述预测模型,若无高温,可以按照传统播种期进行播种。定西市农试站应用该模型从 2008 年开始,已连续 7 年向市政府和有关部门提供细化到乡镇一级的"马铃薯适宜播种期预测气象服务产品",预测准确,社会经济效益显著。定西市 2009—2014 年对当年日最高气温≥30℃的高温预报情况见表 2.1。

表 2.1　定西市 2009—2014 年对当年日最高气温≥30℃的高温预报情况

年份	2009	2010	2011	2012	2013	2014
≥30℃的高温日数(天)	9	8	23	1	0	9
预报高温情况	预报有	预报有	预报有	预报无	预报无	预报有

表 2.2　定西农试站马铃薯平均发育期及叶面积指数

发育普遍期	播种	出苗	分枝	花序形成	开花	可收
日期(月.日)	5.23	6.25	7.11	7.17	7.30	10.11
间隔日数(天)		33	16	6	13	73
叶面积指数			0.2	0.3	1.2	0.9

从表 2.2 可以看出,大田未覆膜的马铃薯播种到出苗大约需 1 个月的时间(地膜覆盖后一般仅需 20 天左右)。出苗到分枝期为半个月左右,分枝到花序形成约 1 周时间,花序形成到开

花为半个月左右,开花到可收约 2.5 个月。在马铃薯适宜播种期预测中,将当年的高温时段、强度、初终霜出现早晚和强度预测好后,要根据马铃薯平均发育期间隔时间进行各地马铃薯适宜播种期预测。

马铃薯的播种期因各地气候条件及栽培制度而不同,但在预报适宜播种期时,应注意两条原则:第一,确定播种期必须考虑马铃薯结薯期避过高温的影响,即平均气温不超过 21℃,日最高气温超过 30℃ 的日数不能大于 3 天;第二,保证一次全苗,出苗后不遭晚霜冻害,并能在早霜前成熟。制作好马铃薯适宜播种期后,根据初霜早晚,在生产建议中要提出具有针对性的建议:若初霜来得早,尽量选择早、中熟品种,不宜选晚熟品种;若初霜偏晚,可选择晚熟品种。如 2017 年甘肃省定西市播种的马铃薯晚熟品种青薯 9 号产量很低,亩产量不足 500 kg。

实用例解:预测产品案例较多,在此只列举定西市 2011 年、2012 年和 2014 年不同年型马铃薯适宜播种期预测产品(见案例 1～3),一些预测产品被多个网站转载(图 2.2、图 2.3)。

以 2011 年为例,预测 2011 年 7—8 月有明显的高温,为了躲避高温对马铃薯结薯和块茎膨大的影响,将定西市中北部安定等大部地方的适宜播期推迟至 6 月上旬;为了实现精准化马铃薯农业气象服务,将服务细化到乡镇一级。实际情况是:2011 年定西市安定区出现 ≥30℃ 的高温日数 23 天,是历年同期的 8 倍,初霜出现在 10 月 14 日,对马铃薯生育后期无影响。准确的预报在高温大旱年份将马铃薯的损失降到了最低程度。

图 2.2　农业部网站全文转载"甘肃省定西市 2014 年马铃薯适宜播种期预测"产品

图 2.3　甘肃省白银市会宁县马铃薯种薯联合社会宁六合薯业开发有限公司网站全文转载
"甘肃省定西市 2014 年马铃薯适宜播种期预测"产品

2.2　马铃薯结薯和块茎膨大期预报

马铃薯结薯和块茎膨大期预报是马铃薯预报服务中的重要内容。通过对块茎膨大期预报来分析马铃薯在生育关键期是否遭受干旱威胁(轻、中、重)、有无马铃薯晚疫病等,气象部门提醒广大群众提前做好相关防御和应对措施。

预报方法一般采用:

(1)积温法:通过对马铃薯各个发育时段与积温的关系,依据马铃薯苗情及气温预测值来预报某一发育期。而马铃薯播种到块茎膨大期大约需要 1400℃·d 的积温。根据活动积温与马铃薯发育期之间的关系进行预测。计算式如下:

$$N - T = K \tag{2.3}$$

式中,N 为某发育期所需的日数,T 为发育期间的平均温度,K 为总积温。还可用下式计算:

$$D = D_0 + \frac{A_i}{T - B_i} \tag{2.4}$$

式中,D 为块茎膨大期的预报日期,D_0 为花序形成期出现的日期,A_i 为花序形成期到块茎膨大期的有效积温,T 为预报期内的平均温度,B_i 为块茎膨大期的生物学下限温度。

(2)平均间隔法:平均间隔法是指在正常气候条件下,马铃薯相邻两发育期的间隔日数具有相对稳定性,如马铃薯播种到出苗一般为 1 个月左右。利用这一特点,可以制作马铃薯生育关键期的预报。计算式如下：

$$D = D_0 + N \tag{2.5}$$

式中，D 为块茎膨大期的预报日期，D_0 为花序形成期出现的日期，N 为马铃薯花序形成期到块茎膨大期之间的多年平均间隔日数。

实用案例：以 2011 年和 2012 年不同气候年型为例，其中 2011 年定西市中北部马铃薯块茎膨大期预测为 8 月 10—30 日，较 2010 年推迟半个月左右，而 2012 年定西市中北部 2012 年马铃薯块茎膨大期为 8 月 10 日至 9 月 5 日，较近年提前 10 天左右。详见案例 4 和案例 5。

2.3 马铃薯晚疫病气象等级预报

马铃薯晚疫病是导致马铃薯茎叶死亡和块茎腐烂的一种毁灭性真菌病害。其发生发展、蔓延流行与降水、温度、湿度等气象条件及田间通风状况密切相关。根据马铃薯晚疫病发生蔓延的气象条件，及时作出马铃薯晚疫病的发生期和流行程度预报，对农业生产部门、种植公司、种植大户和农民及时防治有重大意义。近年来，在研究马铃薯晚疫病与气象条件关系的同时，定西市农试站创造性地研究了马铃薯叶面积指数与晚疫病的关系，使马铃薯晚疫病气象等级预报准确率得到明显的提高（图 2.4）。

图 2.4　调查马铃薯晚疫病（见彩图）

定西农试站通过对马铃薯晚疫病的观测、试验和调查，总结出了马铃薯晚疫病气象等级预报方法，在实际应用中服务效果较好，简介如下：(1)确定马铃薯晚疫病发生的关键生育期和马铃薯叶面积指数。据试验，马铃薯叶面积指数≥1.2 时，连续出现 2 天降水且总降水量≥25 mm，空气相对湿度连续 7 小时≥85%；(2)按照马铃薯田间实际观测所确定的马铃薯晚疫病轻、中、重农业气象指标进行分析判断；(3)结合降水短期气候预测和周期分析、降水保证率分析等，判断未来降水量级大小、期间是否有连阴雨、阴雨时段长短、空气相对湿度大小等，然后对照指标确定马铃薯晚疫病预报的气象等级。据实际测定，马铃薯晚疫病最先从近地面层开始，逐渐向上层扩散。从 2007—2014 年定西农试站对马铃薯晚疫病的预测结果来看，该方法准确率高，服务效果好，避免了盲目购药和施药情况，为马铃薯提前购药、科学防治等提供了科学依据。

实用案例：以 2012 年和 2014 年不同气候年型和晚疫病发生轻重程度为例（见案例 6 和案例 7）。

2.4 马铃薯农田土壤相对湿度预报

马铃薯农田土壤相对湿度预报是通过对前期土壤墒情资料进行整理、分析，并结合马铃薯在不同生育阶段对水分的需求（耗水情况）而对未来一定时间内土壤水分状况作出旱或不旱的预测。

相对湿度动态预报模式：通过每旬逢 3、5、8、10 日加密观测土壤湿度资料，建立了 0～

50 cm土壤相对湿度动态预测模型为：

$$Y_{10}=24.45+0.7027x_1-0.303x_2+1.081x_3$$
$$Y_{20}=20.853+0.7548x_1-0.191x_2+0.597x_3$$
$$Y_{30}=18.385+0.769x_1-0.145x_2+0.386x_3 \qquad (2.6)$$
$$Y_{40}=16.425+0.803x_1-0.127x_2+0.258x_3$$
$$Y_{50}=21.662+0.727x_1-0.149x_2-0.036x_3$$

式中：$Y_{10}\sim Y_{50}$代表不同深度的土壤相对湿度，x_1为前一次的土壤相对湿度，x_2为前一次到本次预测当日的积温，x_3为前次测土后到本次预测前的累积降水量。模式预测2～3天马铃薯田间土壤相对湿度较为准确。

服务案例见案例8。

2.5　马铃薯产量预报

2.5.1　马铃薯产量预报类型

马铃薯产量预报是根据马铃薯播种前及其全生育期内的气象条件，特别是马铃薯结薯和块茎膨大期的农业气象条件来预测马铃薯最终产量的一种农业气象预报。马铃薯产量预报包括趋势预报和定量预报。

趋势预报：根据马铃薯播种前后至收获前两个月的农业气象条件对马铃薯生长发育的利弊影响和对未来天气气候的预测及影响评价，而对马铃薯产量丰歉趋势进行预测的一种农业气象产量预报，一般在收获前两个月发布，对马铃薯宏观决策和农业生产管理有一定的实际意义。

定量预报：根据马铃薯播种前后至收获前1个月的农业气象条件对马铃薯生长发育的利弊影响和对未来天气气候的预测及影响评价，而对马铃薯产量进行预测的一种农业气象产量预报。一般在收获前1个月发布。对马铃薯宏观决策及马铃薯销售、储运、流通和消费有一定的参考价值。

2.5.2　马铃薯产量预报基本方法

马铃薯产量的高低是由马铃薯的品种特性、耕作制度、土壤肥力、管理措施（地膜覆盖）和气象条件等因素共同决定的。一般可用下式表示：

$$y=y_t+y_w+\delta \qquad (2.7)$$

式中，y为马铃薯平均单产，单位：kg；y_t为由农业生产力水平（品种特性、耕作制度、土壤肥力、管理制度等因素）决定的趋势产量或社会产量，通常用时间序列分析方法等数学方法对趋势进行拟合；y_w为由气象条件决定的气象产量，通常是根据其与气象因子的关系，建立数学模型求得，相关因子通常为地面气象要素、土壤墒情；δ为农业技术改进的因素，如地膜覆盖面积在总面积中的比例等。

2.5.3　马铃薯产量资料的处理

马铃薯产量资料均为国家统计局公布的马铃薯平均单产（每5 kg马铃薯鲜薯折合1 kg

马铃薯实际产量),用实际产量减去 3 年滑动平均产量为趋势产量。服务案例详见案例 9
~11。

马铃薯产量预报方法参见王建林主编的《现代农业气象业务》第五章相关内容,在此不再
赘述。

2.6 初霜早晚趋势及强度预报

霜冻是指在植株生长季节里,夜间土壤和植株表面的温度下降到 0℃ 以下使植株体内水
分形成冰晶,造成作物受害的短时间低温冻害。终霜冻多出现在喜温作物出苗之后,而初霜冻
则出现在作物成熟之前。马铃薯抗寒能力弱,一般将播种期躲开终霜冻出现的时期。因此,初
霜冻较终霜冻危害大,当最低气温下降到 −2~0℃、地面最低温度下降到 −3℃ 以下时,马铃薯
叶片全部冻死,干枯后呈焦黑色(图 2.5)。因此,作好初霜早晚趋势和强度的预报对马铃薯的
后期生育影响很大。服务案例见案例 12。

图 2.5 2015 年 10 月 1 日定西农试站试验田马铃薯受霜冻影响状况(见彩图)

2.7 马铃薯价格预测

马铃薯价格预测是运用科学的方法,对影响马铃薯价格的诸因素在马铃薯主产区进行调
查研究,分析和预见其发展趋势,掌握市场供求变化规律,为用户提供适时采挖、销售、贮藏的
科学依据,减少农户为赶早上市而提前采挖等决策的盲目性,降低马铃薯销售风险。

影响马铃薯价格预测的要素有马铃薯产量、基础价格、供需关系等。如进行定西市马铃薯
价格预测,不仅要关注甘肃定西的天气,还要分析内蒙古、宁夏等马铃薯主产区的天气气候形
势,分析气象因素对各地马铃薯生长的利弊,由此得出各地马铃薯的总体产量,根据供求关系,
给出价格预测的建议。在市场上,知己知彼,才能有备无患,价格预测的建议,让农民、种植大
户和相关企业多了几分主动。

服务案例见案例 13~15。

2.8　适宜覆膜期预测

地膜保墒只有在充足的土壤水分贮备下才能实现,因此,覆膜要因地因墒而宜,掌握覆膜时间非常关键,不同的气候年型、不同的地域,覆膜时间是不同的。若秋季干旱时,0～50 cm土壤相对湿度小于 45％,覆膜后因土壤水分差无墒可保。因此,秋季干旱 0～50 cm 土壤相对湿度小于 45％时,建议不进行秋覆膜。原因有三:一是无墒可保;二是若春季遇大风揭膜后还需重新覆膜,这样浪费人力物力;三是覆膜后温度高于露地大田,利于病虫害越冬。

秋季降水多的年份,土壤墒情好,覆膜后,一方面,由于抑蒸作用减少冬、春季土壤水分无效蒸发;另一方面,通过全膜双垄沟的集雨作用,将秋、冬、春季降雨(雪)接纳蓄积,能提高土壤水分含量。综上,实施秋覆膜,能够保、蓄天然降水,提高土壤水分,可有效解决来年因冬、春季干旱而造成的播种困难和出苗不全问题。

在 10 月份出现最后一场≥8 mm 的降水后即进行覆膜较为适宜。因此,适宜覆膜期预测非常重要,各地要根据当地土壤水分状况,进行适宜和不适宜的区划,不能盲目一刀切。

服务案例见案例 16 和案例 17。

2.9　马铃薯农用天气预报

针对马铃薯生产过程编发的专业天气预报称为马铃薯农用天气预报。从马铃薯生产角度出发,采用天气分析与统计分析等手段,预测未来天气条件对马铃薯生产的影响,包括秋覆膜、顶凌覆膜适宜期预测、马铃薯适宜播种期、收获期预测等。马铃薯农用天气预报业务技术—指标体系见图 2.6。

服务案例见案例 18～20。

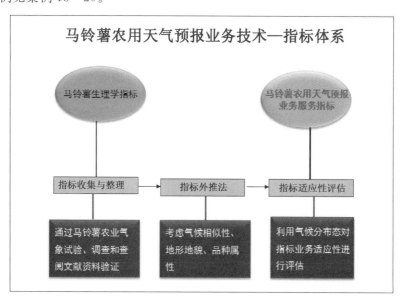

图 2.6　马铃薯农用天气预报业务技术—指标体系

2.10　马铃薯农业气象情报

　　马铃薯农业气象情报是为分析气象条件对马铃薯农业生产影响而编制的具有实时性、综合性特点的农业气象服务产品。其主要原理是根据马铃薯农业生产对气象条件的要求,将已经出现的气象条件与马铃薯农业气象指标结合,鉴定气象条件对马铃薯农业生产可能产生的影响,是气象条件与马铃薯生长发育有机结合的实时服务产品。目前,定西马铃薯农业气象情报业务已经形成一套完整的业务体系。通过分析农业气象条件对马铃薯覆膜、播种、结薯、块茎膨大、淀粉积累等生长发育和收获、贮藏的利弊影响,提出合理措施建议,为当地决策部门、农业部门、马铃薯种植大户趋利避害、夺取优质高产进行报道,是农业气象为马铃薯服务的重要手段之一。如 2009 年定西农试站制作的"近期马铃薯播种要因地制宜量墒下种""定西市2009 年夏季气候条件对马铃薯生长发育的影响评述""马铃薯生育期间农业气象条件评述""马铃薯贮藏期间环境气象条件分析"等。

　　服务案例见案例 21～30。

2.11　马铃薯生育期间农业气象条件评述

　　归纳当年马铃薯生长发育期间的气候特点,对生育各时段气象因子的利弊进行简要评述,重点评述农业气象因子对马铃薯产量形成的作用以及高温热害、连阴雨等农业气象灾害和病虫害使马铃薯生长和块茎膨大受到抑制或阻碍,造成马铃薯产量减少或品质下降等。评述过程中要充分利用已经取得的相关气象资料、农业气象资料等进行阐述。

　　服务案例见案例 31～33。

案例 1

THE SPECIAL METEOROLOGICAL INFORMATION OF THE POTATO

第 1 期

| 定西市气象局 | 制作：李巧珍 | 签发：杨金虎 | 2011 年 4 月 20 日 |

定西市 2011 年马铃薯适宜播种期预测

一、预报结论

预计 2011 年定西市马铃薯适宜播种期为 5 月上旬至 6 月上旬,其中岷县、渭源、漳县、通渭的华岭等高寒阴湿区(海拔在 2300～2500 m)适宜播种期为 5 月上旬;其余地方的二阴区(海拔 2000～2200 m)为 5 月中下旬;安定大部、陇西、通渭、临洮等川旱地、浅山阳台地等(海拔在 1600～1900 m)为 6 月上旬(各乡镇马铃薯适宜播期具体预报详见下表)。

二、预报理由

1. 近期气温回升高,浅层土壤失墒严重,加之深层土壤水分贮水少,干旱迅速蔓延,对各地马铃薯播种不利,影响出苗。

2. 据定西市气象台短期气候预测,今年马铃薯块茎膨大期的 7—8 月有明显的连续高温天气,农业气象条件对马铃薯块茎膨大期生长发育较为不利。

3. 根据初霜预测模型,预计 2011 年初霜出现在 10 月上旬左右,与历年平均相比,基本正常且强度轻,不会对马铃薯后期生长造成危害。

根据马铃薯适宜播种期预测模型,结合短期气候预测及播种期土壤墒情预测、块茎膨大期高温预测及初霜出现早晚趋势综合分析,得出预报结论。

三、农事生产建议

1. 注意合理倒茬,确保马铃薯高产优质。

2. 树立马铃薯之乡的品牌意识,严格选用优良品种。

3. 尊重全球变暖的气候规律,各地要调整马铃薯播种期,尤其是安定、陇西、通渭、临洮等地要克服传统种植偏早的习惯,将马铃薯的全生育期安排在气候最适宜生长的时段。全市 2011 年各乡镇马铃薯适宜播种期预测见附表,建议各地在马铃薯适宜播种时段内抓紧抢墒播种。

4. 据试验,当气温超过 29℃时,对马铃薯播种不利,因此,种植农户要注意收听气象信息,遇晴好高温天气应在 10 时前及 16 时后播种,避免高温烧伤种芽而影响出苗。

5. 马铃薯喜欢疏松肥沃的土壤,为此,要精耕细耙,提高整地质量,达到田块细、软、肥、平,为马铃薯生长发育创造良好的土壤环境条件。

6. 近期气温回升快,对贮藏马铃薯的地窖要勤检查,并及时通气降温,以免薯块发芽消耗养分,影响出苗。

定西市 2011 年各乡镇马铃薯适宜播种期预测

渭源	适宜播期	岷县	适宜播期	漳县	适宜播期
清源	5 月 11—20 日	十里	5 月 1—10 日	城关	5 月 25 日至 6 月 10 日
五竹	5 月 1—10 日	西寨	5 月 1—10 日	盐井	5 月 25 日至 6 月 10 日
锹峪	5 月 1—10 日	清水	5 月 1—10 日	碧峰	5 月 10—20 日
蒲川	5 月 11—20 日	岷山	5 月 1—10 日	马泉	5 月 10—20 日
莲峰	5 月 1—10 日	寺沟	5 月 1—10 日	四族	5 月 15—25 日
路园	5 月 25 日至 6 月 6 日	麻子川	5 月 1—10 日	韩川	5 月 1—10 日
七圣	5 月 1—10 日	秦许	5 月 1—10 日	东泉	5 月 1—10 日
北寨	5 月 11—20 日	茶埠	5 月 1—10 日	草滩	5 月 1—10 日
大安	5 月 1—10 日	禾驮	5 月 1—10 日	大草滩	5 月 1—10 日
秦祁	5 月 1—10 日	文斗	5 月 11—20 日	金钟	5 月 1—10 日
新寨	5 月 1—10 日	梅川	5 月 1—10 日	殪虎桥	5 月 15—25 日
黎家湾	5 月 1—10 日	西江	5 月 1—10 日	木林	5 月 15—25 日
庆坪	5 月 1—10 日	中寨	5 月 1—10 日	武当	5 月 15—25 日
祁家庙	5 月 1—10 日	小寨	5 月 1—10 日	新寺	6 月 1—10 日
上湾	5 月 1—10 日	堡子	5 月 1—10 日	石川	5 月 1—10 日
麻家集	5 月 1—10 日	维新	5 月 1—10 日	草地合	5 月 1—10 日
峡城	5 月 1—10 日	闾井	5 月 1—10 日	三岔	5 月 15—25 日
田家河	5 月 1—10 日	申都	5 月 1—10 日	会川	5 月 1—10 日
锁龙	5 月 1—10 日	蒲麻	5 月 1—10 日	马坞	5 月 1—10 日
安定	**适宜播期**	**通渭**	**适宜播期**	**陇西**	**适宜播期**
白碌	5 月 10—20 日	义岗	5 月 25 日至 6 月 10 日	马河	5 月 15—25 日
石峡湾	5 月 1—10 日	寺子	5 月 25 日至 6 月 10 日	种和	5 月 1—10 日
葛家岔	5 月 1—10 日	北城	5 月 15—25 日	德兴	5 月 1—10 日
鲁家沟	5 月 25 日至 6 月 10 日	陇川	5 月 10—20 日	双泉	5 月 20—31 日
新集	5 月 15—25 日	陇阳	5 月 25 日至 6 月 10 日	高塄	5 月 1—10 日
景泉	5 月 11—20 日	陇山	5 月 10—20 日	云田	6 月 1—10 日
称钩	5 月 20—31 日	锦屏	5 月 10—20 日	胃阳	5 月 25 日至 6 月 10 日
巉口	5 月 25 日至 6 月 10 日	马营	5 月 10—20 日	文峰	6 月 1—10 日
青岚	5 月 10—20 日	华岭	5 月 1—10 日	三台	6 月 1—10 日
凤翔	5 月 25 日至 6 月 10 日	黑燕	5 月 1—10 日	永吉	5 月 15—25 日
西巩	6 月 1—10 日	什川	5 月 10—20 日	和平	5 月 25 日至 6 月 5 日
石泉	5 月 15—25 日	文树	5 月 25 日至 6 月 5 日	权家湾	5 月 25 日至 6 月 5 日
宁远	5 月 20—31 日	榜罗	5 月 25 日至 6 月 5 日	宏伟	5 月 5—15 日
杏园	5 月 10—20 日	常河	6 月 1—10 日	通安驿	5 月 15—25 日
团结	5 月 20—31 日	李店	6 月 1—10 日	福兴	5 月 1—10 日
李家堡	5 月 20—31 日	襄南	6 月 1—10 日	首阳	5 月 15—25 日

续表

安定	适宜播期	通渭	适宜播期	陇西	适宜播期
香泉	5 月 15—25 日	碧玉	5 月 25 日至 6 月 10 日	碧岩	5 月 15—25 日
内官	5 月 15—25 日	鸡川	6 月 1—10 日	渭河	5 月 25 日至 6 月 10 日
符川	5 月 10—20 日	新景	5 月 25 日至 6 月 10 日	宝风	5 月 25 日至 6 月 10 日
临洮	适宜播期	临洮	适宜播期	临洮	适宜播期
何家山	5 月 1—10 日	刘家沟门	5 月 15—25 日	石家楼	5 月 25 日至 6 月 10 日
马家山	5 月 1—10 日	新添铺	5 月 25 日至 6 月 5 日	玉井	5 月 15—25 日
红旗	5 月 25 日至 6 月 5 日	峡口	5 月 1—13 日	达京堡	5 月 11—20 日
中铺	5 月 25 日至 6 月 10 日	站滩	5 月 1—10 日	窑店	5 月 15—25 日
五户	5 月 11—20 日	卧龙	5 月 25 日至 6 月 5 日	潘家集	5 月 15—25 日
上梁	5 月 1—10 日	沿川	5 月 1—10 日	衙下	5 月 20—31 日
太石	5 月 23 日至 6 月 10 日	八里铺	5 月 25 日至 6 月 5 日	陈家嘴	5 月 20—31 日
改河	5 月 1—10 日	连儿湾	5 月 1—10 日	康家集	5 月 15—25 日
辛店	5 月 20—31 日	塔湾	5 月 1—10 日	苟家集	5 月 20—31 日
上营	5 月 1—10 日	西坪	5 月 20—31 日	三甲	5 月 20—31 日
云谷	5 月 1—10 日	洮阳	5 月 25 日至 6 月 10 日		

案例 2

马铃薯专题气象服务

THE SPECIAL METEOROLOGICAL INFORMATION OF THE POTATO

第 1 期

| 定西市气象局 | 制作:李巧珍 | 签发:江少波 | 2012 年 4 月 24 日 |

定西市 2012 年马铃薯适宜播种期预测

一、预报结论

预计 2012 年定西市大部地方大田马铃薯适宜播种期为 5 月,其中岷县、渭源、漳县、通渭的华岭等高寒阴湿区(海拔在 2300～2500 m)适宜播种期为 5 月上旬至中旬前期;其余大部地方为 5 月中旬后期至下旬末(各乡镇马铃薯适宜播期具体预报详见下表),部分低海拔地区为 5 月下旬末至 6 月上旬,各地马铃薯播种期相对集中。

预计 2012 年定西市黑色全膜双垄侧播马铃薯适宜播种期为 5 月中旬至 6 月上旬,其中岷县、渭源、漳县、通渭的华岭等高寒阴湿区(海拔在 2200～2500 m)适宜播种期为 5 月中—下旬;其余大部地方为 6 月上旬。

二、预报理由

1. 据气象资料统计分析显示,预计今年定西市大部地方马铃薯播种期土壤墒情较为适宜,对出苗有利。

2. 马铃薯块茎膨大期的 7—8 月无明显的连续高温天气,高温可能出现在 6 月下旬后期。建议南部二阴区将播期推迟至 5 月上旬至中旬前期,这样南部马铃薯结薯期可以躲开高温。

3. 根据初霜预测模型,预计 2012 年初霜出现在 10 月中旬后期,与历年平均相比迟 20 天左右,且初霜强度轻,对马铃薯后期生长发育无明显影响。

4. 据定西市气象台短期气候预测,预计 2012 年春季—秋季气温仍以偏高为主,降水总量正常略少。春季第一场透雨大部地方出现在 5 月上旬前后。

根据马铃薯适宜播种期预测模型,结合播种期土壤墒情预测、块茎膨大期高温预测及初霜出现早晚趋势综合分析,得出预报结论。

三、农事生产建议

1. 部分地方马铃薯重茬较为严重,利于晚疫病等发生发展。建议各地注意合理倒茬,确保马铃薯高产优质。

2. 树立马铃薯之乡的品牌意识,严格选用优良品种,要通过报纸、电视等新闻媒体,宣讲劣质马铃薯种子造成的严重后果。

3. 遵循全球变暖的气候规律,顺应马铃薯生长发育规律。各地要调整马铃薯播种期,将马铃薯的全生育期安排在当年气候最适宜生长的时段。全市 2012 年各乡镇马铃薯适宜播种期预测见附表,建议各地在马铃薯适宜播种时段内抓紧抢墒播种,今年南部二阴区若播种早,在花序形成到开花期易遭受高温,影响结薯个数。

4. 据试验,当气温超过 29℃时,对马铃薯播种不利,因此,种植农户要注意收听气象信息,遇晴好高温天气应在 10 时前及 16 时后播种,避免高温烧伤种芽而影响出苗。

5. 马铃薯喜欢疏松肥沃的土壤,为此,要精耕细耙,提高整地质量,达到田块细、软、肥、平,为马铃薯生长发育创造良好的土壤环境条件。

6. 春季气温回升快,对贮藏马铃薯的地窖要勤检查,并及时通气降温,以免薯块发芽消耗养分,影响出苗。

7. 据定西市农业气象试验站试验研究结果表明,覆盖黑色地膜后膜内温度仍比大田温度明显偏高。因此,黑色全覆盖双垄侧播马铃薯适宜播种期较大田推迟半个月左右,适宜播种期在 5 月中旬后期到 6 月上旬前期。

定西市 2012 年各乡镇马铃薯适宜播种期预测

渭源	适宜播期	岷县	适宜播期	漳县	适宜播期
清源	5 月 5—15 日	十里	5 月 5—15 日	城关	5 月 29 日至 6 月 8 日
五竹	5 月 5—15 日	西寨	5 月 5—15 日	盐井	5 月 17—30 日
锹峪	5 月 5—15 日	清水	5 月 5—15 日	碧峰	5 月 17—30 日
蒲川	5 月 5—15 日	岷山	5 月 5—15 日	马泉	5 月 17—30 日
莲峰	5 月 5—15 日	寺沟	5 月 5—15 日	四族	5 月 17—30 日
路园	5 月 5—15 日	麻子川	5 月 5—15 日	韩川	5 月 5—15 日
七圣	5 月 5—15 日	秦许	5 月 5—15 日	东泉	5 月 5—15 日
北寨	5 月 5—15 日	茶埠	5 月 5—15 日	草滩	5 月 5—15 日
大安	5 月 5—15 日	禾驮	5 月 5—15 日	大草滩	5 月 5—15 日
秦祁	5 月 5—15 日	文斗	5 月 5—15 日	金钟	5 月 5—15 日
新寨	5 月 5—15 日	梅川	5 月 5—15 日	殪虎桥	5 月 17—30 日
黎家湾	5 月 5—15 日	西江	5 月 5—15 日	木林	5 月 17—30 日
庆坪	5 月 5—15 日	中寨	5 月 5—15 日	武当	5 月 17—30 日
祁家庙	5 月 5—15 日	小寨	5 月 5—15 日	新寺	5 月 29 日至 6 月 8 日
上湾	5 月 5—15 日	堡子	5 月 5—15 日	石川	5 月 5—15 日
麻家集	5 月 5—15 日	维新	5 月 5—15 日	草地合	5 月 5—15 日
峡城	5 月 5—15 日	闾井	5 月 5—15 日	三岔	5 月 5—15 日
田家河	5 月 5—15 日	申都	5 月 5—15 日	锁龙	5 月 5—15 日
会川	5 月 5—15 日	蒲麻	5 月 5—15 日	马坞	5 月 5—15 日
安定	适宜播期	通渭	适宜播期	陇西	适宜播期
白碌	5 月 5—15 日	义岗	5 月 17—30 日	马河	5 月 17—30 日
石峡湾	5 月 5—15 日	寺子	5 月 29 日至 6 月 8 日	种和	5 月 17—30 日
葛家岔	5 月 5—15 日	北城	5 月 17—30 日	德兴	5 月 17—30 日
鲁家沟	5 月 29 日至 6 月 8 日	陇川	5 月 29 日至 6 月 8 日	双泉	5 月 17—30 日
新集	5 月 5—15 日	陇阳	5 月 17—30 日	高崂	5 月 17—30 日
景泉	5 月 5—15 日	陇山	5 月 17—30 日	云田	5 月 29 日至 6 月 8 日
称钩	5 月 5—15 日	锦屏	5 月 17—30 日	胃阳	5 月 17—30 日

安定	适宜播期	通渭	适宜播期	陇西	适宜播期
巉口	5月29日至6月8日	马营	5月17—30日	文峰	5月29日至6月8日
青岚	5月17—30日	华岭	5月17—30日	三台	5月29日至6月8日
凤翔	5月17—30日	黑燕	5月17—30日	永吉	5月17—30日
西巩	5月29日至6月8日	什川	5月17—30日	和平	5月29日至6月8日
石泉	5月17—30日	文树	5月29日至6月8日	权家湾	5月17—30日
宁远	5月17—30日	榜罗	5月17—30日	宏伟	5月17—30日
杏园	5月17—30日	常河	5月29日至6月8日	通安驿	5月17—30日
团结	5月17—30日	李店	5月29日至6月8日	福兴	5月17—30日
李家堡	5月17—30日	襄南	5月29日至6月8日	首阳	5月29日至6月8日
香泉	5月17—30日	碧玉	5月29日至6月8日	碧岩	5月17—30日
内官	5月17—30日	鸡川	5月29日至6月8日	渭河	5月17—30日
符川	5月17—30日	新景	5月17—30日	宝风	5月17—30日
临洮	适宜播期	临洮	适宜播期	临洮	适宜播期
何家山	5月5—15日	刘家沟门	5月15—25日	石家楼	5月17—30日
马家山	5月5—15日	新添铺	5月29日至6月8日	玉井	5月17—30日
红旗	5月29日至6月8日	峡口	5月5—15日	达京堡	5月5—15日
中铺	5月17—30日	站滩	5月5—15日	窑店	5月17—30日
五户	5月29日至6月8日	卧龙	5月29日至6月8日	潘家集	5月17—30日
上梁	5月5—15日	沿川	5月5—15日	衙下	5月17—30日
太石铺	5月29日至6月8日	八里铺	5月29日至6月8日	陈家嘴	5月17—30日
改河	5月5—15日	连儿湾	5月5—15日	康家集	5月17—30日
辛店	5月29日至6月8日	塔湾	5月5—15日	苟家集	5月17—30日
上营	5月5—15日	西坪	5月17—30日	三甲	5月17—30日
云谷	5月5—15日	洮阳	5月29日至6月8日		

案例 3

THE SPECIAL METEOROLOGICAL INFORMATION OF THE POTATO

第 1 期

定西市气象局　　　　　　制作:李巧珍　　　　签发:杨金虎　　　　　　2014 年 5 月 7 日

定西市 2014 年马铃薯适宜播种期预测

一、预报结论

预计 2014 年定西市大部地方大田马铃薯适宜播种期为 5 月 13 日至 6 月 1 日;黑膜全覆盖双垄侧播马铃薯适宜播种期为 5 月 19 日至 6 月 1 日。

二、预报理由

1. 从 4 月 16 日开始至 4 月 25 日,全市降水特多,0～50 cm 土壤墒情普遍在 75% 以上,部分地方超过 90%。据 4 月 28 日全市各地土壤墒情测定,大田马铃薯 0～20 cm 平均土壤湿度在 65%～94%,黑膜覆盖地段的土壤水分大部在 80% 以上。据定西农业气象试验站试验研究结果,马铃薯播种时田间土壤湿度不宜过大,否则将会导致种薯腐烂,影响出苗率。

2. 今年马铃薯生育期间出现日最高气温≥30℃高温的可能性大。马铃薯播种早将可能在结薯时遇高温干旱影响。因此,马铃薯不宜在 5 月上旬以前播种。

3. 根据初霜预测模型,预计 2014 年初霜全市大部地方可能出现在 10 月上—中旬。各地初霜来临较历年偏迟,播期推迟对马铃薯收获无影响。

根据马铃薯适宜播种期预测模型,结合播种期土壤墒情、块茎膨大期高温日数及初霜出现早晚趋势综合分析,得出预报结论。

三、农事生产建议

1. 建议各地顺应天时,将马铃薯的全生育期安排在当年气候最适宜生长的时段,在马铃薯适宜播种时段内,全力抢播。

2. 据试验,当气温超过 29℃时,对马铃薯播种不利,因此,农户播种马铃薯时要注意收听气象信息,遇晴好高温天气应在 10 时前及 16 时后播种,避免高温烧伤种芽而影响出苗率。

3. 马铃薯喜欢疏松肥沃的土壤,为此,要精耕细耙,提高整地质量,达到田块细、软、肥、平,为马铃薯生长发育创造良好的土壤环境条件。

4. 近期加大对贮藏马铃薯的窖库检查力度,及时通风降温,避免薯块发芽消耗养分,影响出苗。

5. 做好马铃薯播种前的一切准备工作,包括消毒刀具所用的高锰酸钾等药品。

6. 部分地方马铃薯重茬较为严重,利于晚疫病等发生发展。建议各地注意合理倒茬,确保马铃薯高产优质。

7. 树立马铃薯之乡的品牌意识,严格选用优良品种。

8. 今年马铃薯生育中后期将遇干旱的可能性很大,建议近期能覆膜的地块,尽量覆膜后播种。

9. 各地土壤墒情不一,建议种植户播种黑膜马铃薯时一定要注意土壤湿度的大小,避免因土壤过湿而影响出苗率。

10. 加强田间管理,部分地方马铃薯已经播种,因降水和降雪影响田间板结较为严重,要及时进行耙耱,以利马铃薯出苗。另外,要勤查地膜田间,及时补覆被大风刮起的地膜。

注:因 2014 年马铃薯播种期相对集中,各地按适宜播种期进行播种,不再细化到乡镇。

案例 4

马铃薯专题气象服务

THE SPECIAL METEOROLOGICAL INFORMATION OF THE POTATO

第 2 期

定西市气象局　　　　　　制作:李巧珍　　　　　签发:杨金虎　　　　　2011 年 7 月 26 日

定西市中北部 2011 年马铃薯块茎膨大期预测

一、预报结论

预计定西市中北部 2011 年马铃薯块茎膨大期为 8 月 10—31 日,较 2010 年普遍推迟半个月左右。

二、预报理由

1.农业气象条件分析

2011 年定西市中北部大部马铃薯播种期为 5 月中、下旬,部分地方为 6 月上旬。播种后干旱少雨,对出苗不利,苗期生长缓慢。目前北部马铃薯为分枝—花序形成期。据 7 月 21 日定西市农试站对安定区露田马铃薯苗情调查,各地均未进入结薯期。

从 7 月 17 日开始,全市大部地方出现晴热高温天气,对马铃薯生长发育不利,发育进程基本停止。

2.未来天气展望

根据最新资料分析,7 月 27 日开始,全市将有一场较为明显的降水过程,持续晴热高温天气有望得到缓解。预测 8 月份全市降水正常略少,气温正常略高。

根据当前马铃薯发育进程、旱情,结合未来一周天气预报,综合得出预报结论。

三、生产建议

1.目前,高温干旱仍然十分严重,有灌溉条件的地方,要在早晚进行喷灌,以利降温保墒。

2.及时除草松土,为马铃薯结薯和块茎膨大期的生长发育提供舒适的土壤环境,促使其地上和地下部分迅速生长。

3.从 7 月 27 日开始,全市将有一次明显的降水天气出现,各地要加强马铃薯晚疫病的监测,力争做到早发现早防治,将马铃薯晚疫病的灾情降到最低程度。

4.目前仍是全市局地暴雨、冰雹的多发时段,各地要加强防雹、防洪和地质灾害的防御工作,确保马铃薯安全生长发育。

案例5

THE SPECIAL METEOROLOGICAL INFORMATION OF THE POTATO
第2期

定西市气象局　　　　制作:李巧珍　　　签发:江少波　　　2012年7月18日

定西市中北部2012年马铃薯块茎膨大期预报

一、预报结论

预计定西市中北部2012年马铃薯块茎膨大期为8月10日至9月5日,较近年提前10天左右。

二、预报理由

1.农业气象条件分析

2012年定西市中北部大部地方的马铃薯播种期为5月中、下旬,部分地方为6月上旬。播种后各地土壤墒情基本适宜,马铃薯出苗齐全,苗期生长良好。目前北部马铃薯普遍为开花期,部分早播的黑色全覆盖双垄侧播马铃薯已经进入盛花期。目前中北部各地马铃薯处于结薯期,分析历年马铃薯结薯到块茎膨大期的有效积温与间隔日数的关系,得出预报结论。

2.未来天气展望

根据最新资料分析,预计7月21日前后还将有一次小到中雨过程;预测8月份全市降水较正常略少,气温较正常略高。

三、生产建议

1.今年各地降水偏多,目前马铃薯普遍长势良好,茎叶繁茂。建议大田马铃薯种植户注意以培土来改善田间小气候,增大温度日较差,并结合培土增施磷钾肥,要将养分转移到结薯和块茎膨大中去。

2.近期温、湿条件利于马铃薯晚疫病的发生,各地要加强晚疫病的监测,力争做到早发现早防治,将马铃薯晚疫病的灾情降到最低程度。

3.目前仍是全市局地暴雨、冰雹、大风等阵性天气的多发时段,各地要加强防雹、防洪、防风等工作,确保马铃薯安全生长发育。

案例 6

马铃薯专题气象服务

THE SPECIAL METEOROLOGICAL INFORMATION OF THE POTATO

第 3 期

定西市气象局	制作:李巧珍	签发:江少波	2012 年 7 月 27 日

<h3 align="center">定西市 2012 年马铃薯晚疫病发生发展趋势预测</h3>

一、预测结论

预计定西市 2012 年马铃薯晚疫病中度偏重发生。8 月上旬开始,田间将出现中心病株,中旬开始流行危害。与 2009 年和 2010 年相比,明显偏重。

二、预报理由

1. 前期气象条件和目前马铃薯生育时段利于晚疫病发生

今年 6 月 1 日至 7 月 26 日,全市大部地方降水偏多,降水量在 121~185 mm(见下图),安定、通渭、临洮降水量较历年同期偏多 2~3 成,其余各地基本正常。温度除 6 月下旬明显偏高外,其余大部时间较为适宜。由于前期光、温、水匹配较好,各地马铃薯长势良好,从定西市农试站 7 月 18 日马铃薯开花期测定的生长量来看,各项数据均明显偏大,其中马铃薯的叶面积指数为 2.0,较 2009 年和 2011 年开花期分别高 1.2 和 0.9,和 2010 年基本相当;单株鲜重为 139 g,较 2009 年和 2011 年分别高 74 g 和 53 g,较 2010 年偏少 39.32 g。

7 月 20—21 日,全市大部地方降水较多,各地温度和湿度均利于马铃薯晚疫病发生,加之早播马铃薯叶面积指数更高,地上茎叶均较去年同期好,田间通风条件差,此时段又是马铃薯晚疫病易发生期,这种特定的田间小气候环境,适宜马铃薯晚疫病的发生、流行。

2. 未来天气展望

据定西市气象台短期气候预测,预计定西市 8 月降水较正常略少,气温较正常略高,这一天气趋势易于马铃薯晚疫病的发生蔓延。

3. 目前晚疫病发生情况

据 7 月 23 日田间抽样调查,部分田间马铃薯植株已染病,叶片有病斑出现,防治工作刻不容缓。

三、综合分析

根据马铃薯晚疫病与气象条件的关系,结合当前马铃薯晚疫病的发生情况及未来天气趋势预测等综合分析,预计 2012 年定西市马铃薯晚疫病将中度偏重发生。

四、农业生产建议

1. 各级领导要高度重视马铃薯晚疫病的防治监测工作,各地要加大对马铃薯晚疫病的监测力度,尤其是早播的马铃薯,叶面积指数高,田间湿度大,通风差,利于晚疫病的发生,一定要做到早发现,早防治,确保今年马铃薯获得好的收成。

2. 据定西气象台预测,7 月 29—31 日,全市将有一场明显的降水过程,利于马铃薯晚疫病的发生发展,各地要加强组织,做好农药及喷药器械的准备工作,雨后要普遍施药1次,确保各地马铃薯生育后期的正常生长发育。

3. 每亩用58%"甲霜灵锰锌(宝大森)"可湿性粉剂100 g兑水50~60 kg喷雾,每隔7~10天喷药1次,连续喷2~3次,或与"克露"进行交替喷药防治,效果更好。

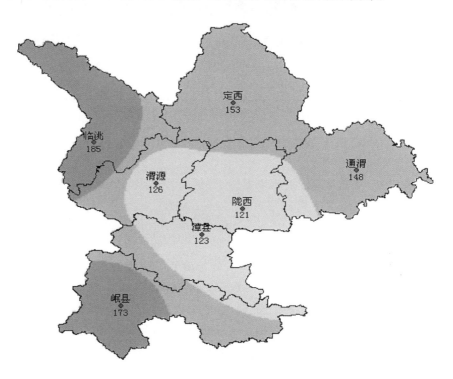

定西市2012年6月1日至7月26日降水量分布图(单位:mm)

案例 7

马铃薯专题气象服务

THE SPECIAL METEOROLOGICAL INFORMATION OF THE POTATO

第 6 期

定西市气象局　　　　制作：李巧珍　　　　签发：江少波　　　　2014 年 7 月 25 日

定西市 2014 年马铃薯晚疫病发生发展气象等级趋势预测

一、预测结论

预计定西市 2014 年马铃薯晚疫病发生发展气象等级为轻度，临洮等局地可达中度。马铃薯晚疫病发病程度将是近 5 年来最轻的一次。

二、预报理由

1. 各部门组织到位，种植户防控意识强，将马铃薯晚疫病消灭在萌芽状态。今年各地领导高度重视，加强了晚疫病的预防力度，各相关部门雨前及时组织农户提前进行了预防，将马铃薯晚疫病消灭在萌芽状态。

2. 全市大部地方前期马铃薯晚疫病发病的气象指标轻。根据定西市农业气象试验站总结的马铃薯晚疫病发生发展与降水、空气湿度、田间湿度、日照时间、风速等气象要素的相关指标对照分析，定西市 2014 年大部地方马铃薯晚疫病为轻度级，临洮等局地可达中度。

3. 未来天气展望：据定西市气象台预测，伏期（7 月中旬到 8 月中旬）全市大部地方有伏旱发生，未来一周大部地方为晴热高温天气，中北部将出现日最高气温≥30℃的高温天气。这一天气趋势将抑制马铃薯晚疫病的发生。

三、综合分析

根据马铃薯晚疫病与气象条件的关系，结合当前马铃薯晚疫病的发生情况及未来天气趋势预测等综合分析，预计 2014 年定西市马铃薯晚疫病气象等级为轻度，临洮等局地可达中度。

四、农业生产建议

1. 各地要加强对马铃薯晚疫病和其他病害的监测，常到地头，勤查病情，发现发病中心后，立即拔除中心病株就地深埋，做到早发现，早防治。

2. 据定西气象台预测未来一周全市大部地方为晴热高温天气，这一天气趋势将明显抑制马铃薯晚疫病的发生发展，各地要加强组织，有条件的地方早晚可对马铃薯进行补灌降温。

3. 目前，各地马铃薯晚疫病发病较轻，但部分地方的马铃薯出现了其他病害，如花叶病、环腐病等。请各农户注意观察，如发现病害，及时与相关部门联系，认真辨别病症，对症下药，确保马铃薯结薯和块茎膨大期的安全生长。

案例 8

THE SPECIAL METEOROLOGICAL INFORMATION OF THE POTATO

第 6 期

定西市气象局　　　　制作：李巧珍　　　　签发：江少波　　　　2010 年 2 月 26 日

<hr>

定西市目前旱情及春播期墒情预测

一、前期气候概况

1. 降水

2009 年全市各地降水在 294～447 mm，其中安定、岷县位居有气象记录以来的倒数第 4，临洮倒数第 5、漳县倒数第 9。与历年相比，除通渭、陇西偏少 1 成外，其余大部地方偏少 2～3 成。今年以来，全市各地降水稀少，降水总量为 2～8 mm，除渭源外，大部地方偏少 5～8 成，尤其是偏南的岷县已从 2009 年 11 月 20 日开始至今，近 100 天未出现一场 0.1 mm 的降水过程，大部地方自 2009 年 10 月上旬开始，连续 140 多天未出现一场日降水量≥5 mm 的有效降水。

2. 气温

冬季气温变化幅度较大，浅层土壤冻融交替，其中 2009 年 12 月气温正常或偏高，今年 1 月气温偏高 2～4℃，2 月上旬大部地方偏高 3℃以上，2 月中旬又偏低 3～4℃，从 2 月 20 日开始全市大部地方气温持续偏高，有冬暖如春之感，其中安定区 2 月 23 日最高气温达 17.2℃。

二、土壤墒情

由于 2009 年 7 月 15 日以前全市各地降水特少，深层土壤水分消耗殆尽，2009 年伏秋降水又较历年同期偏少 1～3 成，使得土壤水库蓄水不足，据安定 2009 年 11 月 8 日深层测墒结果表明，0～2 m 土壤总贮水量为 293 mm，较 2008 年同期少 84 mm，通渭 0～1 m 土壤总贮水量为 136 mm，较 2008 年同期少 78 mm。另据封冻期土壤墒情看，无论浅层还是深层，均是近几年较差的一年。

2 月 20 日开始，气温明显回升，目前海拔 1900 m 以下地域 0～10 cm 土壤完全解冻，与历年相比，解冻期基本正常。从 2 月 23 日对安定区各墒情代表点实际测墒结果看，安定北部大部地方干土层在 6～11 cm，0～50 cm 土壤相对湿度在 26%～50%，较去年同期下降 11～37 个百分点，尤其是去年秋季未打糖的地块失墒严重，0～50 cm 土壤相对湿度仅为 26%～36%，如此墒情，春播难以进行；旧膜覆盖地块因地膜残缺不全，保墒能力差，墒情也很差，0～50 cm 土壤相对湿度普遍较去年同期低 12～35 个百分点，如鲁家沟旧膜覆盖地段 0～50 cm 土壤相对湿度仅为 35%～45%。相对来说 2009 年秋季覆膜地块 0～20 cm 浅层墒情较好，土壤相对湿度普遍在 67%～83%，但 40～50 cm 在 39%～44%。因此，无论是覆膜还是未覆膜，大部地方土壤贮水不足。

三、目前旱情

目前定西市大部地方普遍受旱,给农牧业生产带来严重影响,尤其是安定北部、临洮西北部、陇西东南部等地旱情十分严重,部分将影响春播难以下种。随着春季气温升高,风速加大,干旱将进一步发展。

四、未来天气展望

据定西气象台短期气候预测:未来一周大部时间以多云天气为主,3 月 2—3 日有雨夹雪;春季气温 8～10℃,较常年偏高 1℃左右,无春寒或倒春寒,晚霜结束日期正常,大部分地方在 5 月中旬前后;春季降水 60～135 mm,较常年偏少 2 成左右,有春旱,第一场全市性透雨出现在 5 月上旬前后。

五、春播期农田土壤相对湿度预测

据封冻期土壤墒情、入冬以来的降水情况,结合短期气候预测及农田土壤相对湿度预测模型,得出春播期 3 月全市各地浅层农田土壤相对湿度如图,其中安定、陇西、临洮北部、渭源东北部、通渭西部等地 0～30 cm 土壤相对湿度继续下降,虽大部地方春播可以正常播种和出苗,但由于透雨迟,底墒不足,加之气温偏高,干旱将影响春小麦、豌豆、扁豆等作物的苗期生长和冬小麦关键期的生长发育。

六、生产建议

1. 由于气温偏高,浅层墒情继续下降,干土层不断增加,已解冻的地方要及早动手,抢墒播种春小麦、豌豆、扁豆等夏粮作物。

2. 由于当前墒情差,不宜进行顶凌覆膜,在有较大降水过程后再进行覆膜。

3. 今年全膜玉米适当推迟播期,使得玉米需水关键期与雨季吻合。

4. 继续加强病虫害的监测、防治工作,特别注意因干旱引起的蚜虫等病虫害的危害。

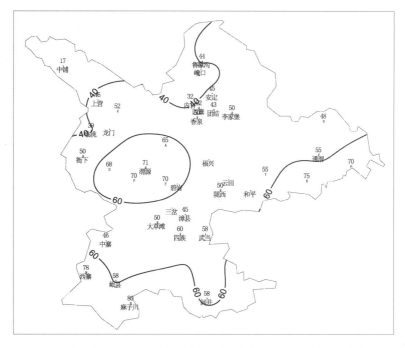

定西市 2010 年春播期耕作层农田土壤相对湿度预测图(单位:%)

案例 9

定西市作物产量预报

THE YIELD OF CROPS FORECASTING IN DINGXI

第 8 期

定西市气象局   制作:李巧珍   签发:江少波   2008 年 7 月 15 日

定西市 2008 年马铃薯产量趋势预报

一、预报结论

预计定西市 2008 年马铃薯产量与 2007 年相比,单产为平偏丰,总产平,与前 5 年平均产量相比,单产为平偏歉,总产为平年。

二、预报理由

1.农业气象条件分析

(1)马铃薯播种—分枝期农业气象条件利大于弊

今年马铃薯从 4 月下旬开始播种到 6 月上旬基本结束。其中岷县、渭源等南部高寒二阴区大部的马铃薯在 4 月中旬后期到下旬时段内播种,北部大部地方在 5 月上旬至 6 月上旬播种。播种后一月,由于土壤底墒较好,温度适宜,各地马铃薯普遍苗齐苗壮,苗期生长良好。

(2)马铃薯生育关键期,高温天气较多,对马铃薯生长发育不利

进入 7 月,各地气温特高,日最高气温≥29℃的天数明显较去年偏多,对马铃薯的结薯和块茎膨大不利,尤其是安定,高温干旱致使马铃薯底叶干枯,花蕾脱落,严重影响着马铃薯的结薯和块茎膨大。

(3)未来天气展望

据定西市气象台短期气候预测:预测 8 月份,全市降水正常,气温略偏高。这一天气趋势将对马铃薯块茎膨大较为有利。

2.苗情

今年全市马铃薯面积约为 339.98 万亩,较 2007 年同期少 26 万亩左右。6 月份马铃薯苗情较去年同期明显偏好,7 月上旬高温对马铃薯生长发育不利,苗情较去年同期差。

3.病虫害情况、农业投入及农业技术措施

由于高温干旱对马铃薯晚疫病有抑制作用,各地马铃薯晚疫病普遍发生较轻,未来天气也不利于对马铃薯晚疫病的发生发展。

今年在马铃薯生产中,化肥、农药、农肥、良种等农业投入加大,大部地方普遍推广适宜播种期及全膜双垄沟播马铃薯抗旱技术,科技含量进一步提高。面对干旱、冰雹等自然灾害,各级政府、农业部门非常重视,采取各种有效措施进行防治。

4.预报模式计算

根据马铃薯单、总产量预报模式计算结果,结合马铃薯的苗情、墒情、病虫害和未来天气预测等情况综合分析,得出定西市 2008 年马铃薯单、总产量趋势预报。

三、生产建议

1. 目前全市除安定外,大部地方土壤墒情良好,各地要加强对马铃薯的田间管理,及时进行除草、施肥、壅土,为马铃薯结薯和块茎膨大提供疏松的土壤环境。

2. 盛夏仍是我市局地暴雨、冰雹的多发时段,各地要加强防雹、防洪和地质灾害的防御工作。

3. 注意收听气象信息,高温时段要在早晚进行喷灌来降温增墒。

4. 加强马铃薯晚疫病的监测、防治工作。

案例 10

马铃薯专题气象服务

THE SPECIAL METEOROLOGICAL INFORMATION OF THE POTATO

第 2 期

定西市气象局	制作:李巧珍	签发:姚玉璧	2009 年 7 月 18 日

定西市 2009 年马铃薯单、总产量趋势预报

一、预报结论

预计定西市 2009 年马铃薯产量与 2008 年和前 5 年平均产量相比,单、总产均为歉年。

二、预报理由

1. 农业气象条件分析

(1)马铃薯播种—分枝期,大部地方农业气象条件利大于弊

2009 年马铃薯播种时段从 4 月下旬开始到 6 月上旬基本结束。其中岷县、渭源等南部高寒二阴区大部地方的马铃薯播种在 4 月中旬—下旬,北部半干旱地区大部在 5 月上旬至 6 月上旬播种,除安定外,其余大部地方马铃薯播种、出苗及分枝期土壤墒情适宜,气温偏高,对马铃薯出苗及苗期生长有利,苗期长势普遍较好,但安定区由于降水持续偏少,加之气温特高,农田蒸散剧烈,土壤失墒严重,高温干旱对马铃薯的播种出苗及分枝生长非常不利。

(2)马铃薯生育关键期,高温干旱,对马铃薯生长发育非常不利

进入 6 月后,大部地方降水少,气温高,6 月至 7 月上旬,全市各地降水偏少 50％～66％,降水最少的安定从 6 月 1 日到 7 月 15 日 45 天降水量仅 16.9 mm,较历年同期偏少 81％,是有气象记录以来同期降水最少的年份,安定从 2008 年 10 月 23 日开始,截至 7 月 15 日 266 天未出现一场日降水量大于 10 mm 的好雨,降水之少接近历史最低水平。据统计,安定 1 月至 7 月 15 日降水总量为 75.1 mm,较大旱的 1995 年同期仅多 0.3 mm,见下图。高温干旱不仅加剧了农田蒸散,而且加速了生育进程,因高温干旱导致马铃薯分枝少,提前进入花序形成和开花期,到 7 月上旬大部地方因旱花蕾和花朵脱落,底部叶片黄枯,生育进程趋于停止。7 月 16—17 日全市大部地方出现了一场明显降水过程,其中安定 16.1 mm,通渭 13.5 mm,陇西 26.6 mm,临洮 26.7 mm,渭源 64.5 mm,漳县 47.1 mm,岷县 22.6 mm。在上报的 76 个乡镇雨量资料中,有 50％的乡镇降水量大于 15 mm,部分乡镇达到暴雨,造成局地暴洪灾害。这场降水缓解了前期旱情,对马铃薯的生长发育非常有利。

(3)未来天气展望

据定西市气象台短期气候预测:7 月下旬至 9 月,降水正常,气温偏高。这一天气趋势将对马铃薯块茎膨大较为有利。

2. 苗情

今年全市马铃薯面积约为 350 万亩,接近 2008 年。6 月份以前大部地方马铃薯苗情与去

年同期接近,进入 6 月份后干旱高温对马铃薯生长发育不利,安定等部分地方因旱出苗不齐,分枝期因高温干旱导致马铃薯生育进程加快,马铃薯分枝少,叶面积指数低,提前进入了花序形成和开花期,至 7 月上、中旬,花蕾和花朵因旱干枯脱落,苗情较去年同期明显偏差。

3. 病虫害情况、农业投入及农业技术措施

据定西市植保站反映,目前马铃薯晚疫病开始发生,由于前期高温干旱,对马铃薯晚疫病发生蔓延不利。

今年在马铃薯生产中,化肥、农药、农肥、良种等农业投入加大,大部地方普遍推广适宜播种期及全膜双垄沟播马铃薯抗旱技术,科技含量进一步提高。面对历史罕见的干旱及局地冰雹、暴洪等自然灾害,各级政府、农业部门非常重视,采取了各种有效措施进行防御和开展自救,将灾害损失降低到最低水平。

4. 预报模式计算

根据马铃薯单、总产量趋势预报模式计算结果,结合马铃薯的苗情、墒情、病虫害和未来天气预测等情况综合分析,得出定西市 2009 年马铃薯单、总产量趋势预报。

三、生产建议

1. 目前全市除安定外,大部地方土壤墒情良好,各地要加强对马铃薯的田间管理,及时进行除草、施肥、壅土,为马铃薯结薯和块茎膨大提供疏松的土壤环境。

2. 盛夏是我市局地暴雨、冰雹的多发时段,各地要加强防雹、防洪和地质灾害的防御工作。

3. 注意收听气象信息,高温时段要在早晚进行喷灌来降温增墒。

4. 各地要加强马铃薯晚疫病的监测、防治力度,尤其是临洮、漳县、渭源等地已发生疫病的区域,要在植保部门的指导下科学防治。

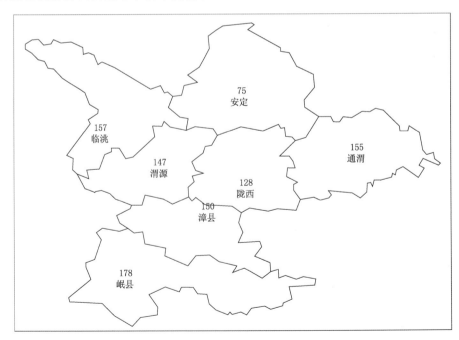

定西市 2009 年 1 月至 7 月上旬各地降水总量分布图(单位:mm)

案例 11

THE　YIELD　OF　CROPS　FORECASTING　IN　DINGXI

第 8 期

定西市气象局　　　　　制作:李巧珍　　　　　签发:江少波　　　　　2012 年 9 月 6 日

定西市 2012 年马铃薯单、总产量预报

一、预报结论

预计 2012 年定西市马铃薯单产为 2895 kg/hm²（193 kg/亩），按面积 325.88 万亩（21.725 万 hm²）计算,总产为 62.89 万 t(见下表)。

2012 年定西市马铃薯产量预报

马铃薯面积 （万 hm²） （万亩）	单产 （kg/hm²） （kg/亩）	比 2011 年 （%）	比前 5 年 （%）	总 产 （万 t）	比 2011 年 （%）	比前 5 年 （%）
21.725 (325.88)	2895 (193)	+3	+17	628900	+4	+9

二、预报理由

1. 农业气象条件分析

(1)马铃薯播种—开花期,农业气象条件利大于弊

2012 年,定西市马铃薯从 4 月下旬开始播种到 6 月上旬基本结束。其中岷县、渭源等南部高寒二阴区大部在 4 月下旬到 5 月上旬之间,北部大部地方在 5 月中旬至 6 月上旬。从出苗情况看,各地马铃薯出苗齐全,苗期生长良好。

(2)马铃薯花序形成—块茎膨大初期,大部地方农业气象条件有利

7 月,全市大部地方气温在 17～20℃,此时段,马铃薯处于花序形成到块茎膨大初期,光、温、湿较为适宜,马铃薯生长发育良好,地上茎叶茂密,植株高度高,到处呈现出一片郁郁葱葱的景象。早播马铃薯在 6 月下旬初进入花序形成或开花期,由于受高温影响,地上部分长势好,但地下结薯较少,影响产量。

(3)马铃薯块茎膨大期,遭遇严重的马铃薯晚疫病

7 月下旬后期,定西市大部地方降水特多,田间温、湿度大,为马铃薯晚疫病发病提供了适宜发生的能量,8 月上旬初,全市各县区马铃薯调查时,虽部分叶片有病斑出现,但整体看,各地马铃薯长势仍是一片旺相。8 月 6 日开始,马铃薯晚疫病在南部暴发,来势迅猛,不到一周时间,全市马铃薯晚疫病大面积发生蔓延,发生速度之快实为罕见。在各级领导的高度重视和认真组织下,马铃薯晚疫病得到了有效遏制,将灾情降到了最低程度。

在马铃薯晚疫病发生的同时,局地大雨、暴雨场次多,暴洪灾害严重,对马铃薯产量也造成

一定的影响。

(4)未来天气展望

据定西市气象台短期气候预测:全市各地秋季降水正常略偏多,气温正常略偏高。其中 9 月降水正常略偏多、气温偏高。9 月下旬大部地方可能出现连阴雨天气;10 月降水偏多,气温正常略偏高,10 月上旬大部地方将出现初霜冻,出现时间基本正常;11 月降水正常略偏多,气温正常略偏高。这一天气趋势将对马铃薯淀粉积累有利。

2. 苗情

2012 年全市马铃薯面积 325.88 万亩,较 2011 年同期增加 2.42 万亩,目前马铃薯将进入淀粉积累期。从 9 月 3 日定西农试站在安定区马铃薯田间调查结果显示,每穴 402~988 g,其中整穴马铃薯茎叶全部干枯的薯块鲜重为 402~573 g。由于受晚疫病影响,马铃薯主要进行光合作用的器官受损,光合能力减弱,据定西农试站 9 月 3 日在安定区不完全抽样调查,马铃薯叶面积指数仅为 1.2~1.4,叶片数占正常年份同期的 20% 左右。

3. 病虫害情况、农业投入及农业技术措施

2012 年,在马铃薯生产中,化肥、农药、农肥、良种等农业投入加大,大部地方普遍推广适宜播种期、黑膜全覆盖双垄侧播马铃薯等,科技含量进一步提高。

8 月上旬,自马铃薯发病之日开始,省、市、乡、村各级领导高度重视,加强组织领导,在农业部门、气象部门、种植农户的全力配合下,基本遏制了马铃薯晚疫病大面积流行态势,降低了晚疫病的危害程度。

4. 预报模式计算

根据马铃薯单、总产量预报模式计算结果,结合马铃薯的苗情、灾情、病虫害和未来天气预测等情况综合分析,得出定西市 2012 年马铃薯单、总产量预报。

三、生产建议

1. 目前全市大部地方 0~20 cm 浅层土壤墒情良好,各地要加强对马铃薯的田间管理,对茎叶已经全部干褐的马铃薯田块,要及时收获,防止因腐烂造成损失。

2. 雨季即将结束,各地要加强水库、水窖的蓄水,为来年农业和生活备好水源。

3. 做好冬小麦播前的种子、化肥、器械等准备工作,力争在适宜的种植期播种。

案例 12

THE SPECIAL METEOROLOGICAL INFORMATION OF THE POTATO

第 6 期

定西市气象局　　　　　制作:李巧珍　　　　签发:江少波　　　　　　2013 年 9 月 9 日

定西市 2013 年初霜早晚趋势及强度预测

一、预测结论

预计 2013 年定西市大部地方初霜出现在 10 月中旬末,较历年平均偏早 10 天左右,对部分地方的马铃薯等秋作物的后期生长有一定的影响。

二、预报理由

根据历史相似年型及今年大气环流特点综合分析,2013 年 10 月中旬末,将有一次较明显的降温天气过程,全市大部地方将出现霜冻。

三、生产建议

1. 近期天气晴好,各地土壤墒情和热量条件较好,利于马铃薯的块茎膨大和淀粉积累,建议加强马铃薯晚疫病的防治及后期田间管理,促使马铃薯块茎迅速膨大和淀粉积累。同时,要加大中药材病虫害的监测防治力度,确保秋作物及中药材有个好收成。

2. 注意收听气象信息,全力做好防御初霜的准备和宣传工作。

3. 部分马铃薯因晚疫病导致茎叶已经干枯,建议农户抓紧采挖,防止因土壤湿度过大,导致薯块腐烂。

5. 冬麦区要做好冬小麦播前的一切准备工作。

注:2013 年定西市大部初霜出现在 10 月 15—22 日,实况与预测基本相符。

案例 13

THE SPECIAL METEOROLOGICAL INFORMATION OF THE POTATO

第 10 期

定西市气象局　　　　　制作：李巧珍　　　　签发：朱国庆　　　　2009 年 9 月 29 日

定西市 2009 年马铃薯价格趋势预测

一、预报结论

预计定西市 2009 年马铃薯价格为 0.96～1.04 元/kg，与 2008 年相比，增加 0.07～0.10 元/kg，是近几年来马铃薯价格较好的年份之一。

二、预报理由

1. 气候因素

2009 年定西市大部地方马铃薯播种适宜，出苗普遍较好，虽在生育前期遭受历史罕见的干旱灾害，但得益于底墒的补充和生育后期良好气象条件的弥补，使得产量和品质普遍较好，虽在 9 月上旬出现连阴雨天气，但晚疫病等病害是近年来最轻的一年。目前大部地方的马铃薯为淀粉积累或可收期，南部进入收获期。

2. 全国马铃薯优质高产区内蒙古夏季气候对马铃薯生长发育不利，产量低，将使马铃薯价格上调

从全国马铃薯种植区来看，正常年份内蒙古的马铃薯品质和产量较好，但 2009 年夏季内蒙古也遭遇严重的干旱，其东部偏南及以西大部地区旱情较重，6 月份以来，内蒙古大部地方降水量不足 50 mm，较常年偏少 70%～90%，加之持续高温，土壤水分迅速下降，马铃薯因缺水长势变差，部分坡梁地的马铃薯等作物干枯死亡，对马铃薯的产量造成严重的影响。主产区内蒙古的马铃薯产量减少，将使马铃薯价格有所提高。

3. 农业投入及农业技术措施使马铃薯产量和品质有所提高

自马铃薯播种以来，定西市各级政府和相关部门高度重视，科学种田，物资投入充足，化肥、农肥、农药等比上年有所增加，普遍推广优质、抗病、高产的马铃薯品种，严禁劣质品种种植；应对气候变化调整适宜播种期等，为 2009 年马铃薯优质高产打下了良好的基础，优质的马铃薯将使其价格有所提高。

三、生产建议

1. 据定西市气象台预测，10 月上旬气象条件有利于马铃薯淀粉积累，建议北部马铃薯种植户不要急于收获，让其继续生长，以利优质高产，获更大的经济效益。

2. 南部岷县、渭源等地的马铃薯在 10 月上旬要抓紧收获，预防初霜影响品质。

3. 近期天气较好，利于冬小麦播种，冬麦区要抓紧抢播冬小麦。

案例 14

THE SPECIAL METEOROLOGICAL INFORMATION OF THE POTATO

第 10 期

定西市气象局	制作:李巧珍	签发:江少波	2012 年 9 月 16 日

定西市 2012 年马铃薯价格趋势预测

一、预报结论

预计定西市 2012 年马铃薯价格为 1.20～1.60 元/kg,较 2011 年同期上涨 0.5～0.7 元/kg。预计前期价格好,后期略有下降。

二、预报理由

1. 2012 年定西市大部地方马铃薯播种期较近年来偏早,生育前期长势好,虽遭遇了较为严重的晚疫病,但产量和品质仍然较好。据 9 月 4 日定西农试站在安定区抽样调查,淀粉含量在 15％～17％。预计在收获期,马铃薯淀粉含量增加,产量和品质进一步提高。

2. 我国北方马铃薯优质高产区遭遇严重的晚疫病危害,产量较去年有所下降,导致价格上调。

从我国北方马铃薯主产区的内蒙古等地来看,正常年份内蒙古区的马铃薯品质和产量较好,但 2012 年 8 月上旬内蒙古也遭遇了严重的马铃薯晚疫病危害,病情比甘肃更为严重,对马铃薯产量造成一定的影响。主产区内蒙古马铃薯产量的减少,将使马铃薯价格有所升高。

3. 综合预测

从全国北方马铃薯主产区的产量预测、结合市场需求量等各种综合因素分析 2012 年定西市马铃薯价格为 1.2～1.60 元/kg,较 2011 年同期上涨 0.5～0.7 元/kg。其中前期价格好,后期可能略有下降。

三、生产建议

1. 目前部分马铃薯因晚疫病影响或因 9 月 13 日初霜造成茎叶全部干枯田块,建议提前收获,避免因田间湿度大而造成烂薯等损失。

2. 南部岷县、渭源等地已达到可收的马铃薯要抓紧收获,预防初霜影响品质。

3. 各级政府和各大媒体要做好宣传报道,今年定西马铃薯因播种早,加之晚疫病等影响提前上市,请相关部门邀请全国各地客商提前收购马铃薯,避免薯农采挖后无处上缴。

案例 15

THE SPECIAL METEOROLOGICAL INFORMATION OF THE POTATO

第 10 期

定西市气象局　　　　　制作:李巧珍　　　　签发:杨金虎　　　　　2014 年 10 月 20 日

定西市 2014 年马铃薯价格趋势预测

一、预测结论

预计定西市 2014 年马铃薯价格为 1.2～1.6 元/ kg,与 2013 年相比,每千克低 0.3～0.6 元,未来马铃薯价格还有小幅下降。

二、预报理由

1. 当地农业气象条件对马铃薯产量的影响分析

2014 年,定西市马铃薯播种时段从 4 月下旬开始到 6 月上旬基本结束。其中岷县、渭源等南部高寒二阴区大部在 4 月下旬播种,北部大部地方在 5 月中旬至 6 月上旬播种。从出苗情况看,全市大部地方马铃薯出苗较为齐全,苗期生长良好,因安定等播种较早的地膜马铃薯部分因播种后土壤湿度大,出苗不齐,出现缺苗断垄现象。花序形成到块茎膨大初期,光、温及土壤湿度较为适宜,马铃薯生长发育良好。但 7 月 24 日至 8 月 3 日,全市大部地方马铃薯遭受高温干旱煎熬,造成中北部马铃薯大部叶片干枯,块茎膨大停止,尤以早播马铃薯受害严重。8 月下旬,全市降水多,温度适宜,各地马铃薯迅速膨大,生长速度较快。9 月气候凉爽,利于马铃薯淀粉积累,马铃薯生长发育后期较为适宜的农业气象条件有效弥补了前期高温干旱的影响,大部分在适宜播种时段种植的马铃薯都获得了较高产量,且品质好,烂薯少,据不完全统计,大部地方马铃薯都获得了较高的产量,亩产都在 1500～4000 kg。

2. 全国马铃薯主产区内蒙古、宁夏、青海等地虽然今年夏季高温干旱时间相对较长,但生育后期农业气象条件对马铃薯生长发育较为有利,产量相对较高

从全国来看,2014 年主产区内蒙古、宁夏、青海等地马铃薯生育关键期高温干旱时间较长,但马铃薯生育后期农业气象条件较好,加之今年马铃薯晚疫病较轻,大部地方马铃薯产量较高,将使马铃薯价格下降。

3. 农业投入加农业技术措施使马铃薯产量和品质有所提高

自马铃薯播种以来,定西市各地政府和相关部门高度重视,科学种田,物质投入充足,化肥、农药等比上年有所增加,普遍推广优质、抗病、高产的马铃薯品种,严禁劣质品种种植,应对气候变化调整适宜播种期及采用黑膜双垄侧播马铃薯抗旱种植等技术,为 2014 年马铃薯优质高产打下了良好的基础。

4. 目前马铃薯收获情况

据近期调查,南部高寒二阴区马铃薯大部已经收获,中北部零星采挖,大部地方马铃薯正处在淀粉积累期。

5. 根据全国马铃薯主产区马铃薯产量预测,从基础价格和供需关系等综合分析,得出 2014 年马铃薯价格趋势预测结论。

三、农业生产建议

1. 做好已收获马铃薯的贮藏工作。

2.10 月中下旬天气利于马铃薯的收获和交易,请抓紧抢收并及时出售。

案例 16

THE SPECIAL METEOROLOGICAL INFORMATION OF THE POTATO

第 1 期

定西市气象局　　　　制作:李巧珍　　　　签发:江少波　　　　2012 年 2 月 28 日

定西市 2012 年初春适宜覆膜期预测

一、预测结论

预计定西市 2012 年初春覆膜适宜期为 3 月 10—20 日。

二、预报理由

1. 前期降水概况

2011 年全市各地降水总量为 328～495 mm,较历年偏少 6%～25%,其中通渭、陇西偏少 6%～7%,其余各地偏少 11%～25%。今年 1—2 月,各地降雪偏多,降水总量在 11～21 mm,与历年同期相比,安定、岷县偏多约 1 倍,其中安定是有气象记录以来同期的次多值,其余各地偏多 37%～69%。冬季降雪多,浅层墒情较好,利于初春覆膜。

2. 前期温度变化

2012 年 1—2 月冷空气活动频繁,全市各地气温普遍偏低,其中 1 月各地平均气温较常年偏低 1～2℃。1 月负积温为 -279～-202℃·d,较历年同期偏低 31～65℃·d,1 月的负积温大部地方接近 2008 年同期。1 月各地最低温度在 -25～-19℃。由于 1 月负积温偏多,降雪多,导致目前部分山区积雪仍未融化,造成初春适宜覆膜期推迟。

3. 历年 10 cm 土壤解冻日期及未来天气趋势预测

据统计,全市各地历年解冻期在 2 月下旬到 3 月上旬,其中安定区固定地段历年土壤 10 cm 平均解冻日期为 3 月上旬初。

根据最新大气环流资料分析,未来一周阴雪(雨)天气较多,全市各地 10 cm 土壤解冻期较常年推迟 10 天左右。

综合全市前期降水、温度、山区积雪融化及土壤解冻变化情况,结合近期天气变化趋势,得出定西市 2012 年初春覆膜适宜期为 3 月 10—20 日。

三、生产建议

1. 根据黑、白膜内 5～20 cm 地温对比观测资料试验成果,建议定西市计划种植马铃薯的地域覆盖黑膜时,须在海拔 1900 m 以上的地域覆盖,否则会因温度高而导致马铃薯畸形薯多、品质差的状况。

2. 从封冻期墒情与解冻期墒情变化规律来看,今年各地解冻期 0～20 cm 墒情将普遍增加 6～10 个百分点,解冻后各地要抢墒覆膜,以免因春季温度迅速升高,加之风速大而造成失墒现象。

3. 据试验,东西行向种植的双垄沟播玉米较南北行向霜冻轻。建议覆膜时以东西行向为宜。

4. 覆膜前一定要施好基肥,并拌好杀虫农药,精耕细作,确保覆膜质量。

案例 **17**

马铃薯专题气象服务

THE SPECIAL METEOROLOGICAL INFORMATION OF THE POTATO

第 21 期

定西市气象局　　　　　制作：李巧珍　　　　签发：江少波　　　　　2012 年 10 月 18 日

定西市 2012 年秋覆膜预测及适宜黑、白膜覆盖的地域建议

一、预测结论

预计定西市 2012 年秋季覆膜最佳时段为 10 月 15 日至 11 月 10 日。其间在 10 月 19 日还将有一场小雨过程。

二、预报理由

1. 前期降水及目前墒情

今年 1 月 1 日至 10 月 13 日，全市各地降水总量为 307～475 mm（见下图），各地降水较历年同期偏少 1～4 成，其中临洮、渭源偏少 3～4 成，其余各地偏少 1～2 成。今年前半年干旱十分严重，从 7 月 16 日开始，降水逐渐增多，7 月上旬至 10 月 13 日全市各地降水总量为 198～322 mm，与历年同期比，陇西、岷县偏多 8%～11%，安定、漳县基本正常，其余各地偏少 11%～15%。伏秋降水基本正常，但 9 月各地降水明显偏多，其中安定、陇西是近 20 年降水次多年，漳县、岷县位居近 20 年第三，通渭、渭源为第四。

从 10 月 8 日各地 0～50 cm 墒情测定来看，浅层 0～20 cm 平均土壤相对湿度安定、漳县、陇西、临洮在 48%～58%，属轻旱，其余各地在 63%～69%，属适宜。与历年同期相比，渭源、通渭接近常年，其余县（区）偏低 13～18 个百分点。40～50 cm 土壤相对湿度安定为 44%，为轻旱，渭源、岷县为 93%，属过湿。另，从安定和通渭深层土壤墒情测定来看，0～1 m 土壤总贮水量，安定 139 mm，通渭 164 mm，其中安定较历年同期偏少 15 mm，较 2008 年同期偏少 81 mm，较 2010 年多 6 mm，通渭较历年同期偏多 11 mm，较 2008 年偏少 39 mm。虽测墒后 10 月 11 日大部地方普降小到中雨，但深层从 50 cm 开始，土壤蓄水明显不足。

2. 历年土壤表层冻结日期及未来天气趋势预测

据安定区固定地段历年土壤表层冻结资料统计分析，安定历年平均表层土壤冻结日期为 10 月 30 日。根据最新大气环流资料分析，今年在 11 月上旬后将有明显的降温过程，对覆膜不利。

3. 黑、白膜的覆盖增温效应

根据 2011 年黑、白膜地温对比观测资料分析，黑色膜虽然没有白色膜增温效应显著，但仍比不覆膜的增温显著，对于喜欢凉爽气候的马铃薯，温度太高，当湿度适宜时结薯较多，但品质差且普遍为畸形薯。因此，经统计分析定西市适宜覆盖黑色地膜的地域为 1900～2500 m，详细乡镇见表。但是，明年计划种植玉米的地域，普遍适合覆白色膜。

三、农业生产建议

1. 从目前各地墒情看，由于今年上半年降水特少，干旱严重，底墒基本消耗殆尽，0～

50 cm 墒情较好,但深层贮水不足,因此计划秋季覆膜面积不要过大,待初春后再覆。

2. 近期早晨地温低,因此建议覆膜在 10 时后,以防将寒气包在膜内,影响作物生长。

3. 据试验,东西行向较南北行向霜冻轻。因此建议覆膜时以东西行向为好。

4. 覆膜前一定要施好基肥,并拌好杀虫农药,精耕细作,确保覆膜质量。

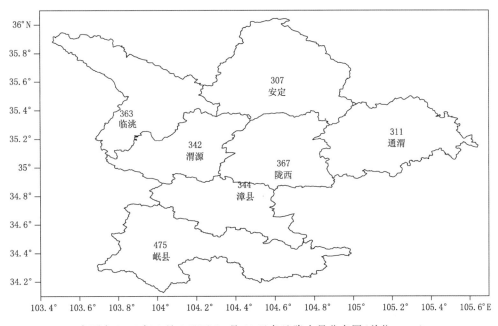

定西市 2011 年 1 月 1 日至 10 月 13 日各地降水量分布图(单位:mm)

定西市 2012 年秋季各地适宜覆黑膜区域

地名	黑膜	地名	黑膜	地名	黑膜	地名	黑膜	地名	黑膜	地名	黑膜
清源	适宜	十里	适宜	武阳	适宜	白碌	适宜	义岗	适宜	马河	适宜
五竹	适宜	西寨	适宜	盐井	适宜	石峡湾	适宜	寺子	适宜	种和	适宜
锹峪	适宜	清水	适宜	碧峰	适宜	葛家岔	适宜	北城	适宜	德兴	适宜
莲峰	适宜	岷阳	适宜	马泉	适宜	鲁家沟	不适宜	陇川	不适宜	双泉	适宜
路园	适宜	寺沟	适宜	四族	适宜	新集	适宜	陇阳	适宜	云田	不适宜
北寨	适宜	麻子川	适宜	东泉	适宜	称钩	适宜	陇山	适宜	胃阳	不适宜
大安	适宜	秦许	适宜	草滩	适宜	巉口	适宜	锦屏	适宜	文峰	不适宜
秦祁	适宜	茶埠	适宜	大草滩	适宜	青岚	适宜	马营	适宜	永吉	适宜
新寨	适宜	禾驮	适宜	金钟	适宜	凤翔	适宜	华岭	适宜	和平	不适宜
庆坪	适宜	文斗	适宜	殪虎桥	适宜	西巩	不适宜	什川	适宜	权家湾	不适宜
祁家庙	适宜	梅川	适宜	武当	适宜	石泉	适宜	榜罗	适宜	宏伟	适宜
上湾	适宜	西江	适宜	石川	适宜	宁远	适宜	常河	不适宜	通安驿	适宜
麻家集	适宜	中寨	适宜	三岔	适宜	团结	适宜	李店	不适宜	福兴	适宜
峡城	适宜	马坞	适宜	锁龙	适宜	李家堡	适宜	襄南	不适宜	首阳	适宜
田家河	适宜	维新	适宜	马坞	适宜	香泉	适宜	碧玉	不适宜	碧岩	适宜
会川	适宜	闾井	适宜	峡口	适宜	内官	适宜	鸡川	不适宜	菜子	适宜
玉井	适宜	申都	适宜	辛店	适宜	符川	适宜	新景	适宜	巩昌	不适宜
中铺	适宜	蒲麻	适宜	洮阳	适宜	高峰	适宜	三铺	适宜	康家集	适宜
新添铺	适宜	站滩	适宜	杏园	适宜	新寺	不适宜	连儿湾	适宜	衙下	适宜
上营	适宜	窑店	适宜	塔儿湾	适宜	红旗	不适宜	八里铺	适宜		

案例 18

定西市农用天气预报

2011 年第 20 期

定西市气象局　　　　　　制作：李巧珍　　　　　　　　　　日期：2011 年 5 月 19 日

　　截至目前，定西大部旱情仍未解除，干旱造成部分地方马铃薯未能适时播种、玉米因旱出苗不齐；5 月 12 日部分乡镇又出现霜冻，造成玉米叶片受冻。据定西市气象台预报，5 月 21—22 日，全市有小到中雨，针对定西近期苗情、旱情、霜冻及天气预报，提醒农民朋友做好以下几点：一是海拔 1600～1800 m 的地域，马铃薯适宜播种期在 5 月下旬末到 6 月上旬，请在适宜播种时段播种；二是对于因霜冻造成叶片受冻严重的玉米，及时剪除叶片，促其生长新叶；三是全膜双垄沟播玉米已出苗或正在出苗，要每天进地查苗放苗，避免因膜内温度过高而烧苗；四是要及时除草并进行间苗、定苗，避免杂草、余苗与留苗相互争水抢肥；五是既要做好雷雨、暴洪、冰雹等突发气象灾害的防御工作，又要做好抗旱工作，注意收听气象信息，雨前对小麦施肥。

案例 19

定西市农用天气预报

2011 年第 32 期

定西市气象局　　　　　　　　制作:李巧珍　　　　　　　　日期:2011 年 8 月 18 日

从 8 月 16 日开始,定西市阴雨寡照天气较多,截至 18 日 12 时,各地降水总量在 19～58 mm,平均气温在 15～17℃,空气湿度大,利于马铃薯晚疫病的滋生发展。为此建议如下:一是鉴于目前全市各地的温、湿条件利于马铃薯晚疫病的滋生蔓延,各级领导要高度重视,立即组织一次马铃薯晚疫病的防控工作,做好农药及喷药器械的准备,不管是否已经出现晚疫病,均需雨后普遍施药一次,预防为主,确保全市马铃薯后期块茎膨大能正常生长发育;二是预计适宜喷药时间为 8 月 21—25 日,但各地要注意收听气象信息,若预报有雷阵雨时不宜施药,避免雨水冲刷,影响药效;三是每亩用 58％甲霜灵锰锌(宝大森)可湿性粉剂 100 g 兑水 50～60 kg 喷雾,每隔 7～10 天喷药 1 次,连续喷 2～3 次,或与克露进行交替喷药防治,效果更好。

案例 20

陇中农用天气预报

2011 年第 35 期

定西市农试站　　　　制作:李巧珍　　　　　　日期:2011 年 9 月 1 日

---

　　8 月 16 日至 22 日,陇中大地阴雨天气较多,一方面缓解了前期旱情,为秋作物特别是马铃薯的结薯和块茎膨大提供了适宜的气象条件,但另一方面低温高湿也利于马铃薯晚疫病的滋生蔓延。目前陇中部分地方马铃薯晚疫病显现。据甘肃省气象局最新资料分析显示,从 9 月 2 日开始至 9 月 7 日,陇中新一轮阴雨天气又将开始,这种天气将使晚疫病迅速蔓延,建议马铃薯种植户,在阴雨天气结束后,务必对马铃薯普遍施药预防一次,每亩可用 58% 甲霜灵锰锌(宝大森)可湿性粉剂 100 g 兑水 60 kg 喷雾,每隔 7～10 天喷药 1 次,连续喷药 2～3 次。也可与克露等药剂交替用药防治。

　　预计 2—7 日阴有小雨,雨后及时对马铃薯施药,对中药材要及时排除田间积水,以防积水引起根腐病。

案例 21

马铃薯专题气象服务

THE SPECIAL METEOROLOGICAL INFORMATION OF THE POTATO

第 2 期

定西市气象局   制作:李巧珍   签发:杨金虎   2009 年 5 月 26 日

近期马铃薯播种要因地制宜量墒下种

一、近期天气实况

5 月 20—21 日,全市出现小到中雨过程,25—26 日,全市又普降中雨,部分地方出现了大雨,其中降水最多的为安定的新集乡(46.5 mm)。据 26 日 08 时收集到全市 76 个乡镇雨量点的降水资料看,降水总量≥20 mm 的乡镇为 55 个,占 76%;≥10 mm 的乡镇 74 个,占 97%。

二、降水渗透深度

这场降水过程平稳,强度小,土壤渗透好,大田渗透深度普遍在 10~34 cm,基本解除了前期旱情,是一场及时雨。对夏粮作物需水关键期的生长发育和其他农作物的苗期生长非常有利。

三、马铃薯播种情况

目前南部二阴区马铃薯已经出苗或正在出苗,北部大部已经播种,部分浅山区和低海拔的地域还未播种。

四、生产建议

1. 由于近期降水多,部分地方土壤湿度过大,马铃薯播种后易造成烂种,因此,目前还未播种马铃薯的地方,一定要因地制宜,量墒下种,太湿的地块,建议等两天再种。

2. 目前天气晴好时温度很高,种薯幼芽极易烧伤而导致不能出苗。据试验,晴好天气 10 时前播种的马铃薯出苗较全,10 时后 16 时前播种的马铃薯出苗差或不出苗。因此,建议晴好天气在 10 时前或 16 时后进行播种。

案例 22

THE SPECIAL METEOROLOGICAL INFORMATION OF THE POTATO

第 10 期

定西市气象局　　　　　制作：李巧珍　　　签发：江少波　　　　2013 年 5 月 18 日

定西市近期降水实况及对农业生产的建议

一、5 月 13—16 日天气概况

5 月 13—16 日，定西市出现了一次区域性强降水过程，截至 17 日 08 时，全市降水总量在 27～100 mm，从 116 个有效雨量资料中统计分析，≥30 mm 的占 99％，≥50 mm 的占 75％。渭源、漳县、岷县的过程降水量和日降水量均打破了 1960 年以来的同期最大记录值，最大降水出现在渭源麻家集镇，为 100.1 mm（见图）。其间各地平均气温在 8～16℃。

二、近期土壤、空气、麦田相对湿度

据 5 月 16 日各地自动土壤水分仪土壤湿度监测结果看，目前全市各地 0～20 cm 平均土壤相对湿度均为 80％～100％；从自动气象站空气相对湿度资料分析，由于近期降水多，全市各地空气相对湿度普遍很大，大部时间在 80％以上，通渭等部分地方 5 月 15 日 21 时至 16 日 09 时连续 13 小时空气相对湿度在 92％～97％；另从 5 月 16 日 10 时定西市农试站在安定川旱地春小麦监测地段测定结果看，麦田内 20 cm 高度处的空气相对湿度为 91％，冠层空气相对湿度为 85％，根据麦田和空气相对湿度的关系分析，部分地方麦田空气湿度接近饱和。良好的墒情和适宜的温度不仅为小麦的生长发育提供了有利的条件，同时，也为小麦条锈病等病害的发生蔓延创造了适宜环境。

三、冬、春小麦所处的发育期

目前，全市冬小麦大部处于孕穗期，部分进入抽穗期，春小麦进入拔节期或即将进入拔节期，麦田湿度大，尤其是生长旺盛的水川区的冬麦田，叶面积指数高，极利于小麦条锈病发生和蔓延。

四、未来一周天气趋势预测

据定西市气象台预测，未来一周以晴或多云为主，这一天气趋势利于病害防治的喷药等工作。

五、农业生产建议

1. 鉴于目前全市各地的温、湿条件非常利于小麦条锈病的发生蔓延，各地应立即组织一次小麦条锈病的防控工作，不管麦田是否已经出现条锈病，均需全面喷药一次，预防为主。

2. 预计适宜喷药时间为 5 月 18—23 日，但各地要注意收听气象信息，若预报有雷阵雨时不宜施药，避免因雨水冲刷，影响药效。

3. 喷药方法，一般每亩用 12.5％禾果利 50 g 或 15％三唑酮（粉锈宁）100 g，兑水 40～50 kg 全面喷雾。喷药时要注意风向，从上风方开始喷施为宜。

4. 近期阴雨寡照天气对温棚马铃薯的生长非常不利，建议各种植户要加强马铃薯晚疫病等病害的监测和防治。

5. 中药材大部已返青或正在返青,由于近期空气湿度大,党参等药材易感染白粉病、褐斑病等病害,各药材种植户要加强管理,及时除草降湿,加大白粉病和锈病的防治力度,确保中药材安全生长。

6. 目前尚未播种的马铃薯因田间湿度太大,不宜播种,建议在 5 月 24—25 日播种,这样可避免因土壤湿度大造成种薯腐烂而缺苗。

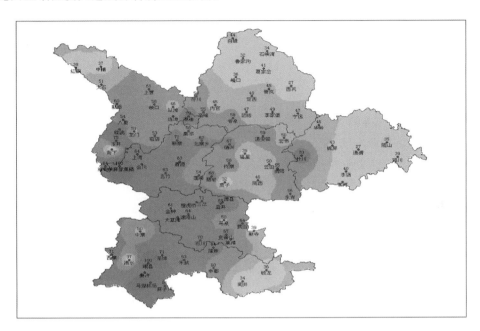

定西市 2013 年 5 月 13 日 15 时至 17 日 08 时降水量分布图(单位:mm)

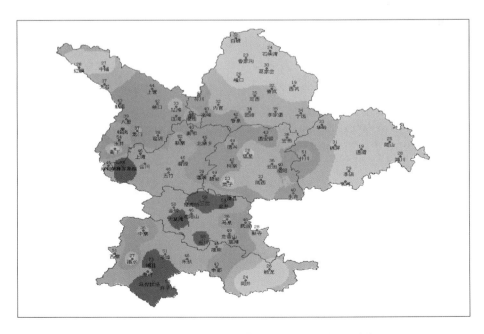

定西市 2013 年 5 月 18 日 08 时降水渗透深度分布图(单位:cm)

案例 23

THE SPECIAL METEOROLOGICAL INFORMATION OF THE POTATO

第 8 期

定西市气象局　　　　制作:李巧珍　　　　签发:杨金虎　　　　2015 年 5 月 22 日

定西市 5 月 20—21 日降水对农业生产的影响

一、5 月 20—21 日降水概况

5 月 20—21 日,全市普降中雨,局地大雨。区域站中 204 个站点出现了降水,其中 161 个站点大于 10 mm,1 个站点大于 25 mm,最大降水出现在岷县蒲麻,为 28.6 mm(见图)。

二、降水对农业生产的影响

目前全市大部地方冬小麦将陆续进入抽穗期,春小麦进入拔节期、全膜玉米受霜冻影响后普遍处在换苗期,胡麻为枞形期。这场降水平稳,强度小,土壤渗透好,大田渗透深度大部在 7～23 cm(见图),全膜双垄沟播地段由于集雨效应,沟内渗透深度大部在 18～35 cm。

这场降水是一场及时雨,对夏粮作物的关键期生长和其他农作物的苗期生长非常有利。

三、未来一周天气预测

据定西市气象台短期气候预测,未来一周全市无明显降水天气过程,以晴或多云天气为主。

四、生产建议

1. 目前大部地方播种马铃薯因土壤湿度大易引起种薯腐烂,建议暂停播种,待土壤墒情下降到适宜播种时全力抢种,力争在 5 月底前全面完成 2015 年马铃薯的播种计划。

2. 加强春小麦、中药材和全膜双垄沟播玉米的田间管理,及时除草、施肥,促使受冻作物的苗情转化升级。

3. 加强对小麦条锈病等病虫害的监测,做到早发现早防治。

4. 进入主汛期,我市雷雨、冰雹、大风等灾害性天气出现概率增大,各地要疏通河渠,确保排水畅通,安全度汛。

5. 预计今年春夏降水偏多,秋冬降水偏少。为此,建议采取覆膜后播种马铃薯等秋作物,并尽量选用早熟品种,防止后期干旱造成的损失。

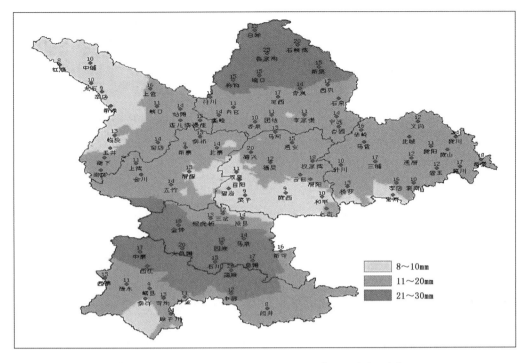

定西市 2015 年 5 月 20 日 08 时至 21 日 08 时降水量分布(单位：mm)

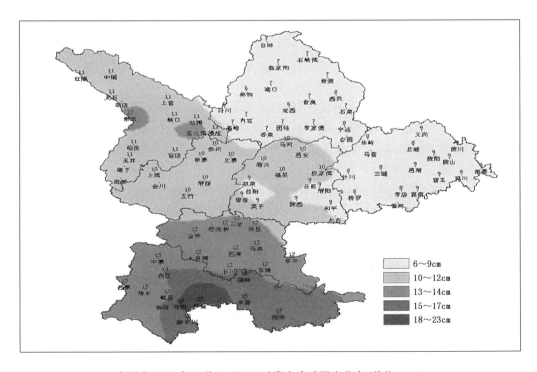

定西市 2015 年 5 月 21 日 08 时降水渗透深度分布(单位：cm)

案例 24

THE SPECIAL METEOROLOGICAL INFORMATION OF THE POTATO

第 5 期

| 定西市气象局 | 制作:李巧珍 | 签发:杨金虎 | 2013 年 7 月 29 日 |

抢抓有利天时，全力防治马铃薯和中药材病害

一、前期降水概况

7 月 1—28 日,全市各地降水总量在 119～196 mm(见图),与历年同期相比,安定、临洮、渭源、岷县偏多 7～9 成,其余各地偏多 1.0～1.5 倍。阴雨寡照天气不仅造成马铃薯晚疫病与中药材白粉病、褐斑病等病害迅速发生蔓延,而且给防治工作带来了很大的影响。

二、未来一周天气趋势

据定西市气象台预测,未来一周大部时间天气晴好,利于马铃薯晚疫病和中药材病害的防治,建议各地抢抓有利天时,全面喷药治疗马铃薯晚疫病和中药材的病害。

三、目前马铃薯晚疫病及中药材病害状况

目前全市大部地方马铃薯和中药材普遍染病且迅速发展,从远处看,马铃薯长势不错,但拨开枝叶,马铃薯晚疫病已从地面发展到 30～40 cm,由于近期阴雨天气的影响,防治工作进展缓慢。

四、防治建议

1. 马铃薯晚疫病用 58％甲霜灵锰锌(宝大森)可湿性粉剂 100 g 兑水 50～60 kg 喷雾,每隔 7～10 天喷药 1 次,连喷 3～5 次,或与克露交替喷药防治。

2. 晴天在 08—10 时或 17 时以后喷药效果好,高温期间喷药会影响药效;喷药时从上风方开始为宜。

3. 在加大马铃薯晚疫病防治的同时,各地要加大对中药材和玉米病虫害的监测防治工作。据定西市气象局农气技术人员 7 月 26 日调查,目前党参普遍感染斑枯病、锈病,黄芪普遍感染白粉病、霜霉病,当归有褐斑病,玉米大小斑病在部分田间也有发生,各地要加大监测力度,组织农民对症下药。一般来说,中药材用甲霜恶霉灵农药进行防治,若病害较重时可用百菌清交替喷施。相关部门要切实加大对农民防治病害的技术指导,确保秋粮作物和中药材的安全生产。

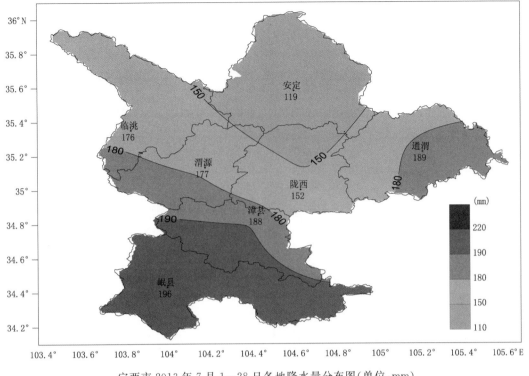

定西市 2013 年 7 月 1—28 日各地降水量分布图(单位:mm)

案例 25

THE SPECIAL METEOROLOGICAL INFORMATION OF THE POTATO

第 12 期

定西市气象局　　　　　　制作:李巧珍　　　　签发:杨金虎　　　　　2011 年 7 月 18 日

定西市近日热浪滚滚,秋作物将受到严重威胁

一、高温及其影响

从 7 月 17 日开始,定西大地骄阳似火,热浪滚滚。高温不仅影响着人们的正常生活,而且给秋作物马铃薯的块茎膨大和开花期的玉米造成严重威胁。7 月 18 日,全市除岷县外,各县区城区最高温度在 29.1～32.0℃,部分乡镇在 32.9～33.4℃,其中安定的鲁家沟 33.1℃,临洮的太石 33.4℃,通渭的李店 32.9℃,陇西的云田 33.0℃,漳县的新寺 33.0℃。全膜双垄马铃薯 5 cm 地温在 44～45℃(见图)。目前高温主要造成块茎膨大期的马铃薯膨大受阻,同时将会影响已进入开花期的玉米开花授粉不良,易产生缺粒或秃顶。

二、未来一周天气趋势

据定西市气象台预报,未来一周,全市大部时段晴间多云,仍将维持高温少雨天气。

三、农业生产建议

1. 目前全市在 5 月上中旬播种的马铃薯,已进入结薯和块茎膨大期,高温对马铃薯结薯和块茎膨大非常不利,有灌溉条件的地方,建议早晚进行喷灌来降温增墒,减轻高温热浪的影响程度。

2. 抓紧抢收已成熟的夏粮,力争颗粒归仓。

3. 做好复种豌豆的播前准备工作。

四、生活防御指南

1. 注意收听高温信息,做好防暑降温工作。

2. 注意作息时间,保证睡眠,尤其是老人,要备一些常用的降温降暑药品。

3. 高温天气,汽车易自燃。提醒车主,运行的汽车务必打开后盖;停放的汽车,防晒不可忽视。

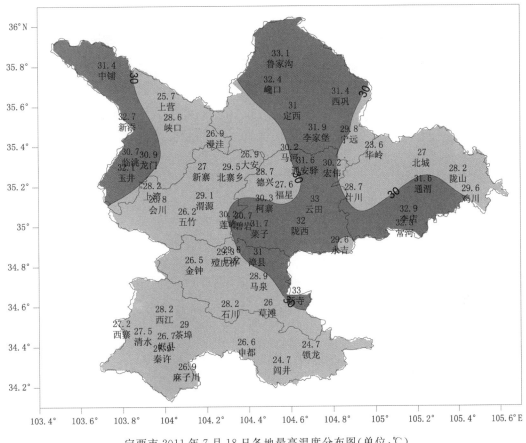

定西市 2011 年 7 月 18 日各地最高温度分布图（单位：℃）

案例 26

马铃薯专题气象服务

THE SPECIAL METEOROLOGICAL INFORMATION OF THE POTATO

第 12 期

定西市气象局　　　　制作：李巧珍　　　　签发：杨金虎　　　　2011 年 8 月 14 日

定西市秋作物再度遭受高温干旱煎熬

未来一周多阴雨天气，高温干旱有望缓解

一、高温干旱及其影响

骄阳似火，炙烤着定西大地，不仅影响着人们的正常生活，而且给农业生产造成严重的威胁，炎炎烈日下，作物挣扎在死亡线上。7 月 15—27 日，全市大部地方农作物遭遇高温干旱威胁后，8 月 6—13 日再度遭受高温干旱煎熬。这两次高温过程各地共出现日最高气温≥30℃的日数总计为：安定 17 天、临洮 13 天、陇西 11 天、漳县 10 天、通渭 6 天。其中安定高温日数较历年同期平均多 14 天，为历年同期平均值的 5.7 倍，较同期高温时间最长的 2000 年还长 4 天。7 月 15 日至 8 月 13 日期间安定最高气温≥30℃的温度总和为 527℃，较 2000 年多 105℃，较 2010 年多 264℃。尤其是地膜覆盖的农田，5 cm 地温普遍在 41～46℃，加之伴随强烈的日照使得地膜覆盖作物受害更为严重。

今年安定等地高温时间之长、范围之广为历史所罕见（见图）。

从干旱持续时间来看，全市大部地方出现了极为罕见的秋、冬、春、夏连旱现象。旱情最为严重的安定从 2010 年 10 月中旬开始至今年 8 月上旬，降水总量仅为 171 mm，较历年同期偏少 40％，较 2010 年偏少 42％，较历史上大旱的 1995 年、1997 年、2002 年同期分别偏少 19％、16％、37％。今年全市大部地方的夏、秋作物基本没有喝足过一次水，始终处在干渴状态，旱情之重为有气象记录以来的 54 年所罕见。

干旱加速了农田蒸散。7 月 28 日全市大部地方出现了 10～15 mm 的降水，但不到 5 天的时间，无论是大田还是地膜，土壤水分基本消耗殆尽，据 8 月 2 日定西市农业气象试验站在安定普查墒情结果表明，大部地方 0～50 cm 的地膜玉米土壤相对湿度不足 30％，整层土壤基本趋于干土。高温干旱使处于块茎膨大期的马铃薯底部叶片干枯，上部卷曲，结薯和块茎膨大停止；全膜双垄沟播玉米叶片干枯，花期不育，不能正常授粉，影响籽粒形成，秃尖、空秆率增加，尤其是安定、陇西的早播玉米提前进入需水关键期，受害时间长，灾害更为严重，高温干旱影响玉米灌浆，部分地方玉米植株枯萎，甚至死亡。

今年定西市大部地方在夏粮作物遭遇特大干旱的情况下，秋粮作物在生育关键期又遇到严重的高温和卡脖旱，同时局地还出现了冰雹、洪涝等灾害。异常的天气使得今年全市粮食减产成为定局。

二、未来一周天气趋势

据定西气象台预报，未来一周全市将维持阴雨天气，高温干旱天气有望缓解。

三、农业生产建议

1. 近日抓紧对玉米、马铃薯施肥,但不能对玉米灌溉,避免倒伏。

2. 未来一周将维持阴雨天气,为马铃薯晚疫病的滋生蔓延提供了有利条件,各地要加强晚疫病的监测和防治。

3. 为了减轻灾害造成的损失,建议海拔小于 1900 m 的地域,雨前复种早熟豌豆,可在霜前收获青豆。

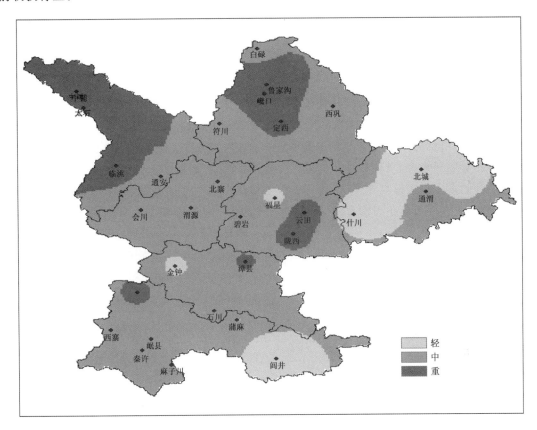

定西市 2011 年 7—8 月各地高温干旱分布

案例 27

马铃薯专题气象服务

THE SPECIAL METEOROLOGICAL INFORMATION OF THE POTATO

第 5 期

定西市气象局　　　　制作:李巧珍　　　　签发:姚玉璧　　　　2009 年 8 月 13 日

定西市目前马铃薯长势分析及农业生产建议

　　从 7 月后半月开始,定西市大部地方雨日和雨量增多,但各地降水时空分布不均,旱情解除的时间不一。据统计,7 月 16 日至 8 月 12 日全市各地降水总量为 88～159 mm(见图),致使马铃薯长势差异较大。目前,南部二阴区马铃薯进入块茎膨大期,北部大部地方为结薯期。马铃薯茎叶的多少直接影响光合作用的强弱,但是茎叶也不能过分的茂盛,否则反而会因茎叶过密而遮住阳光,使光合作用能力降低,养料的积累反而减少;同时也会使通风条件变差易引起晚疫病的发生。

　　预计 15—19 日全市降水天气较多,18—19 日阴有小到中雨,局地中到大雨。

　　生产建议:

　　1. 种植农户要对马铃薯分类管理,长势差的在雨前可施适量尿素,促使生长较多的茎叶和匍匐茎,以利结薯;长势好的,结合培土增施磷、钾肥,供块茎膨大。

　　2. 当前仍是局地暴雨、冰雹的多发时段,各地要加强防雹、防洪和地质灾害的防御工作。

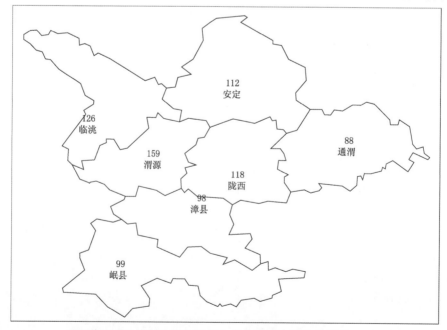

2009 年 7 月 16 日至 8 月 12 日全市各地降水量分布(单位:mm)

案例 28

定西市专题气象服务

THE SPECIAL METEOROLOGICAL INFORMATION OF DING XI

第 21 期

定西市气象局	制作:李巧珍	签发:杨金虎	2016 年 9 月 21 日

定西市 2016 年高温干旱影响评估

自去年 7 月下旬到今年 8 月 22 日的近 400 天时间里,定西市降水稀少,遭遇了有气象记录以来最为严重的特大干旱,夏秋粮减产严重,尤以秋粮减产明显,部分地方绝收。据定西市民政局 9 月 13 日进一步核查统计,这次历史罕见的干旱灾害已造成全市 7 县区、108 乡镇、1406 个村、398115 户、1720295 人受灾;因旱需救助人口 398378 人,其中饮水困难人口 55091 人,饮水困难大牲畜 17809 头;农作物受灾面积 305873.373 hm²,成灾面积 215162.237 hm²,绝收面积 47318.1223 hm²,受灾农作物主要有玉米、马铃薯、中药材等全部在田作物。灾害造成直接经济损失 175069.2 万元。

一、全市遭遇 1958 年以来最严重的干旱

1. 大部地方降水量为 1958 年以来同期最低值。自去年 7 月下旬到今年 8 月 22 日,定西市大部地方降水量在 285~368 mm,仅临洮、岷县分别为 435 mm 和 497 mm,安定、通渭、陇西、渭源降水量均为 1958 年以来最少,岷县为 1958 年以来的次少值,临洮、漳县分别为 1958 年以来第 3 少和第 4 少。尤其是今年 7 月 27 日至 8 月 22 日期间,全市各地降水量≤10.1 mm,其中安定滴雨未下,岷县 0.3 mm、渭源 2.8 mm、漳县 3.6 mm、陇西 6.5 mm、通渭 9.5 mm、临洮 10.1 mm,各地较常年同期偏少 9 成甚至 1 倍。安定、渭源、临洮、漳县、岷县降水之少打破 1958 年以来同期极低值,通渭、陇西是 1958 年以来的次少值。

2. 全市各地高温干热程度为 1958 年以来最重。入夏以来(6 月 1 日至 8 月 22 日),各地日平均气温 18.7~22.5℃,较历年同期偏高 2.1~3.2℃,打破了历史同期极值;日最高气温在 30.0~34.3℃,虽未刷新历史同期极值,但日最高气温≥30℃的日数持续时间长,大部地方打破了 1958 年以来的极值,其中陇西、安定分别为 32 天、31 天,临洮 29 天、漳县 24 天、通渭 11 天、渭源 4 天、岷县 1 天。安定日最高气温≥30℃的日数是历史同期平均值的 5.6 倍。

二、降水偏少、高温蒸散剧烈及土壤底墒不足导致旱情罕见

分析本次定西市干旱如此严重的原因,主要有以下 3 个方面,一是从去年 7 月 21 日到今年 8 月 22 日期间有效降水少,降水时空分布不均,特别是 7 月 27 日到 8 月 22 日期间,降水异常偏少,各地未出现一场日降水≥10 mm 的有效降水;二是持续的高温天气助长了农田水分蒸散速度;三是去年伏秋降水少,各地土壤水库未贮存到充沛的水分,致使今年降水偏少时土壤无存水为作物补充。据今年解冻期各县区墒情测定,全市大部地方耕作层土壤水分不足,影响春播和出苗。而秋作物生育关键期,全市大部地方 0~1 m 整层土壤无作物可利用的有效水分。据定西农试站 8 月 24 日在安定区墒情普查,全区大部地方 0~50 cm 土壤相对湿度为

22％～29％,达到特旱标准。

三、干旱对全市秋粮作物和中药材造成严重影响

这场罕见的特大高温干旱持续时间之长、影响范围之广、危害程度之重实为定西市自1958年以来绝无仅有的旱灾。它不仅给全市农牧业生产带来严重影响,而且造成部分地方水窖干涸,人畜饮水发生困难。据定西市气象部门8月下旬调查,全市在田农作物普遍遭受高温干旱影响,生长发育停止,生命受到严重威胁,大部地方马铃薯中下部叶片干枯、上部叶片卷曲,因旱结薯少,块茎小,重旱区的马铃薯薯块如同核桃大小,部分地方的马铃薯因旱未结薯或结薯直径不足2 cm,地膜马铃薯也因旱薯块小,畸形薯多。据定西农试站在安定区凤翔镇口下村农民苏涛的地膜马铃薯田块调查,一穴马铃薯只结了两个,总重115 g,亩产量约345 kg,仅为正常年份的17％(见下图)。

马铃薯旱情调查(见彩图)

安定等地的玉米因旱出苗不齐,苗期生长不良。7月上旬各地降水特少,干旱对玉米拔节生长发育不利,植株普遍低矮,茎秆纤细。尤其是7月下旬到8月22日,全市各地玉米遭遇了严重的高温干旱,出现花期不育、不能正常授粉的情况,直接影响到籽粒形成。同时部分地方因旱凸尖、空秆率高,灌浆受阻,致使籽粒不饱,果穗倒挂,果穗长不及正常年份的一半或三分之一,有的甚至没有果实,对产量有很大的影响。重旱区玉米提前1月枯死收割。同时因旱玉米茎秆产量减幅明显,重旱区大部地方的玉米茎秆鲜重不及正常年份的一半,这将给大牲畜明年初春吃草带来困难,也将危及明年和今后养殖业的正常发展。

中药材春季移栽时因旱导致出苗不齐,部分地方缺苗断垄严重,8月是中药材药根膨大期,高温干旱导致党参、黄芪、当归等生长发育不良,渭源北部部分地方自去年7月下旬到今年8月22日未出现一场有效降水,党参生长发育过程中一直处于干渴状态,植株低矮,叶片瘦小,9月初部分党参因旱叶片全部干枯,药根膨大受阻,没有产量。据定西市渭源县秦祁乡中坪村农民陈永义反映,他今年种了10亩党参,购买药苗花了7000元,目前因旱基本绝收(见下图)。

除此之外,林牧业受旱也十分严重,苹果等因高温干旱果实停止膨大,通渭等旱地苹果8月18日测得幼果仅68 g,是正常年份的三分之一;部分树叶因旱黄枯脱落;牧草也因旱提前大片黄枯(见下图)。

8月23—25日,全市出现较明显的降水过程,明显缓解了人畜饮水困难,但这场迟来的降水时空分布不均,有一半以上的地域雨小难解旱禾之渴。据定西市农试站9月8日在安定区墒情普查结果显示,全区大部地方0～50 cm土壤平均相对湿度仍处在20％～30％的重旱状

党参因旱茎叶干枯（见彩图）

态，有些地方雨量较大，对土壤蓄水有利，但因秋作物叶片大部干枯，无法进行光合作用，对作物产量作用不大。

四、未来天气趋势

据定西气象台预报，9 月 18—19 日将有一次降水过程，对旱区土壤蓄水有利。

五、生产建议

1. 抓住每次降水过程，进行水库、水窖蓄水。

2. 部分高寒地带，大田冬小麦陆续开始播种，建议推迟播期，尽量种植全膜穴播覆土冬小麦来应对干旱，为冬小麦丰产打下基础。

农作物因旱减产

案例 29

THE SPECIAL METEOROLOGICAL INFORMATION OF THE POTATO

第 8 期

定西市气象局　　　　制作:李巧珍　　　　签发:姚玉璧　　　　2009 年 9 月 3 日

定西市 2009 年夏季气候条件对马铃薯生长发育的影响评述

2009 年夏季(6—8 月)气候条件对定西市马铃薯的生长发育有利有弊,其中 6 月至 7 月 15 日高温干旱,对马铃薯生长发育不利,7 月 16 日至 8 月 31 日,光、温、水匹配较好,对马铃薯结薯和块茎较为有利。

2009 年夏季定西市局地冰雹、暴洪灾害较重,对马铃薯生长发育造成一定的影响。

总体来看,2009 年定西市夏季气候条件前期差,后期好,对马铃薯生长发育来说仍属偏好年份。

一、马铃薯播种—分枝期,大部地方农业气象条件利大于弊

2009 年马铃薯播种时段从 4 月下旬开始到 6 月上旬基本结束。其中岷县、渭源等南部高寒二阴区大部地方的马铃薯播种在 4 月中旬至下旬,北部半干旱地区大部在 5 月上旬至 6 月上旬播种,除安定外,其余大部地方马铃薯播种、出苗及分枝期土壤墒情适宜,气温偏高,对马铃薯出苗及苗期生长有利,苗期长势普遍较好。安定区由于降水持续偏少,加之气温特高,农田蒸散剧烈,土壤失墒严重,高温干旱对马铃薯的播种出苗及分枝生长非常不利。

二、马铃薯生育关键期,大部地方高温天气较多,对马铃薯的结薯和块茎膨大不利,尤以安定最为严重

进入 6 月后,全市大部地方降水少,气温高,6 月至 7 月上旬,全市各地降水偏少 50%～66%,降水最少的安定从 6 月 1 日到 7 月 15 日 45 天降水量仅 16.9 mm,较历年同期偏少 8 成,是有气象记录以来同期降水最少的年份,安定从 2008 年 10 月 23 日开始,截至 7 月 15 日 266 天未出现一场日降水量大于 10 mm 的好雨,降水少接近历史最低水平,其中 1 月至 7 月 15 日降水总量为 75.1 mm,较大旱的 1995 年同期仅多 0.3 mm。高温干旱不仅加剧了农田蒸散,而且加速了马铃薯的生育进程,导致马铃薯分枝少,提前进入花序形成和开花期,到 7 月上旬大部地方因旱花蕾和花朵脱落,底部叶片黄枯,生育进程趋于停止。

三、马铃薯结薯和块茎膨大期,农业气象条件有利

从 7 月 16 日开始至 8 月底,气温在 15～21℃,降水明显增多,全市降水量在 126～207 mm,各地旱情逐步解除,浅层土壤墒情适宜,良好的墒情、适宜的温度对马铃薯结薯和块茎膨大非常有利,前期受干旱影响的马铃薯重新形成花序开始结薯或块茎膨大。据定西市农业气象试验站 8 月 30 日在安定调查,北部旱地马铃薯每穴薯块鲜重 370 g,较 2008 年多 214 g;南部旱地马铃薯每穴薯块鲜重 336 g,较 2008 年多 48 g(见下图)。

定西市北部安定区 2009 年 8 月 30 日马铃薯生长状况

虽 8 月份以来,阴雨天气较多,但持续时间不长,且每次阴雨天气结束后,总出现晴热高温天气,对马铃薯晚疫病发生和蔓延有一定的抑制作用,因此,2009 年夏季全市马铃薯晚疫病发病面积小,危害程度轻,是近几年晚疫病最轻的一年。

四、生产建议

1. 目前全市大部地方土壤墒情良好,各地要加强对马铃薯的田间管理,及时除草、施肥,北部未封垄的马铃薯还要培土,为马铃薯块茎膨大提供疏松的土壤环境。

2. 进入秋季,雨量、雨日明显减少,各地要抓紧水库和水窖的蓄水,为来年生活和农业用水提供充足的水源。

3. 继续加强马铃薯晚疫病等病情的监测、防治工作。

4. 冬麦区要做好冬小麦适宜播种前的种子、化肥、农药、地膜等一切准备工作,并注意收听气象信息,力争在适宜播种期内进行适时播种。

案例 30

马铃薯专题气象服务

THE SPECIAL METEOROLOGICAL INFORMATION OF THE POTATO

第 11 期

| 定西市气象局 | 制作:李巧珍 | 签发:姚玉璧 | 2009 年 10 月 13 日 |

未来一周多晴好天气,全力抢收马铃薯

一、目前定西市马铃薯收获进度

据调查,目前定西市除岷县、渭源、漳县等南部二阴区和部分山区的马铃薯已经收获外,其余大部地方正在收获或进行出售交易。

二、未来一周天气趋势及其对马铃薯收获造成的可能影响

据定西市气象台预测,未来一周除 15 日有一次降水过程外,大部时间天气晴好,利于马铃薯的收获,但 16—17 日凌晨可能有霜冻,对已经采挖的露天马铃薯将有一定影响。

三、农业生产建议

1. 据气象资料分析,预计 10 月 24—25 日可能有较强冷空气影响定西,建议各地要利用近期晴好天气,全力抢收马铃薯,力争在中旬末全部收获。

2. 加强已挖马铃薯的防风、防雨、防光保护措施,采用黑色透气的塑料包装袋进行包装,避免因风、光而造成味麻或变绿等品质下降。

3. 近期凌晨可能有霜冻,已经采挖在大田的马铃薯一定要用薯蔓覆盖或用土暂时掩埋,以防凌晨霜冻等造成的损失。

4. 今年安定等地降水量显著偏少,土壤蓄墒不足,要继续抓住降水时机,注意蓄水、蓄墒保墒。

案例 31

马铃薯专题气象服务

THE SPECIAL METEOROLOGICAL INFORMATION OF THE POTATO

第 7 期

| 定西市气象局 | 制作：李巧珍 | 签发：杨金虎 | 2010 年 11 月 19 日 |

定西市 2010 年马铃薯生育期间农业气象条件评述

定西市 2010 年种植马铃薯 315.35 万亩,总产量达 52.5 万 t,与 2009 年基本持平。生育期间,前、后期农业气象条件好,生育关键期遭遇高温干旱危害,对产量造成一定的影响。

一、马铃薯播种—分枝期农业气象条件利大于弊

2010 年定西市马铃薯播种时段从 4 月中旬开始到 5 月下旬基本结束。其中岷县、渭源等南部高寒二阴区大部在 4 月中旬后期到下旬播种,北部大部地方在 5 月上旬至下旬播种。播种后 1 个月,由于降水及时,土壤墒情较好,温度适宜,各地马铃薯普遍苗齐苗壮,苗期生长良好。

二、马铃薯花序形成—块茎膨大初期,大部地方农业气象条件有利

7 月上、中旬,全市大部地方气温在 16～21℃,较历年同期偏高 1℃,此时段,马铃薯处于花序形成到块茎膨大开始期,光、温、水较为适宜,马铃薯生长发育旺盛,普遍长势良好,结薯多,块茎膨大较快。

三、马铃薯块茎膨大中期,遭遇高温干旱,块茎膨大停止

2010 年定西各地马铃薯在 7 月下旬以前的生长发育是近年来最好的一年,到处郁郁葱葱,呈现出一派丰收在望的景象,但从 7 月 27 日开始,全市大部地方遭遇 4～7 天的 30.0～

马铃薯生长情况检测

38.6℃的高温天气,对处于块茎膨大期的马铃薯非常不利,导致马铃薯底部叶片干枯,上部叶片卷曲,块茎膨大停止。8月全市各地降水在 29～157 mm,其中安定、通渭、陇西、渭源等大部地方降水偏少 47%～66%,降水时空分布极为不均,多以阵性降水为主,如安定区城区 8月总降水量为 122 mm,较历年同期偏多 45%,但全区 60%以上的乡镇降水量不足 40 mm,较历年同期偏少 57%～83%。部分地方旱情缓解后,马铃薯又开始开花和块茎膨大。

四、淀粉积累—收获期,光、温、水匹配较好,利于淀粉积累和收获

9月中旬至 10月中旬,除 9月下旬阴雨寡照天气较多外,其余大部时间天气晴朗,气候适宜,利于马铃薯的淀粉积累和收获。据不完全抽样调查,2010 年安定等大部地方马铃薯淀粉含量普遍较高,品质优良,淀粉含量在 15%～21%(见图)。

案例 32

THE SPECIAL METEOROLOGICAL INFORMATION OF THE POTATO

第 8 期

| 定西市气象局 | 制作:李巧珍 | 签发:杨金虎 | 2013 年 10 月 10 日 |

马铃薯贮藏期间环境气象条件分析

马铃薯贮藏期环境气象条件非常重要,若贮藏环境气象条件不当会造成大量损失甚至影响来年马铃薯的种植。

在贮藏窖或贮藏库内,环境温度应保持在 2～4℃ 为宜,若在 1℃ 以下,容易受冻变质,超过 4℃ 以上,则芽易萌动,降低实用价值,且利于病菌滋生;窖内空气中相对湿度以 65%～70% 为适宜,空气湿度过高时块茎容易腐烂,过低时则因水分蒸发,薯皮易皱缩,味道变劣,定西市大部地方冬、春季空气较为干燥,马铃薯水分易蒸发;马铃薯商品薯应尽量避免见光,光能使薯皮变绿发青,降低品质及食用价值;风对马铃薯影响也很大,被风吹后的马铃薯食味变麻(见图)。

腐烂的马铃薯(见彩图)

2013 年马铃薯入窖前,各贮藏户要在窖内进行消毒,并严格挑拣病薯、烂薯、伤薯及小薯,保证马铃薯的贮藏质量,要做到入窖时轻放轻倒。进入 10 月后,全市气温普遍偏高,天晴日朗,定西空气干燥。为此建议如下:

1. 专人负责,勤检查。窖温保持在 2～4℃,若发现白天温度过高时,可在无风的中午将窖口打开,适当通风透气。如遇冷空气侵袭,温度过低时,要设法覆盖,加强防冻。

2. 马铃薯贮藏窖内相对湿度要保持在 65%～70%,近期全市各地空气普遍干燥,一日中部分时段、部分地方空气相对湿度不足 40%,因此,建议管理人员控制好相对湿度,过低时可适当加湿。

3. 为了避免光照对商品薯品质的影响,可采用黑色透气的塑料袋进行覆盖,既可防光、防风,又可保鲜。

案例 33

定西市作物产量预报

THE YIELD OF CROPS FORECASTING IN DINGXI

2018 农气第 2 期

定西市气象局　　　　制作:李巧珍　　　　签发:杨金虎　　　　2018 年 2 月 1 日

定西市 2018 年 1 月降雪、降温概况及影响评估

一、降雪概况

2018 年 1 月全市各地降水空间分布不均,临洮、岷县分别为 7.6 mm 和 9.4 mm,其余各地 10.4～15.1 mm,较常年偏多 1.1～3.7 倍,成为定西 1 月少有的多雪年份。其中,安定、通渭打破了 1958 年有气象记录以来的历史极值,陇西、岷县位居第 3,渭源、漳县位居第 4,临洮位居 1958 年以来的第 8 位。各地最大积雪深度 3～9 cm(见下列各图)。

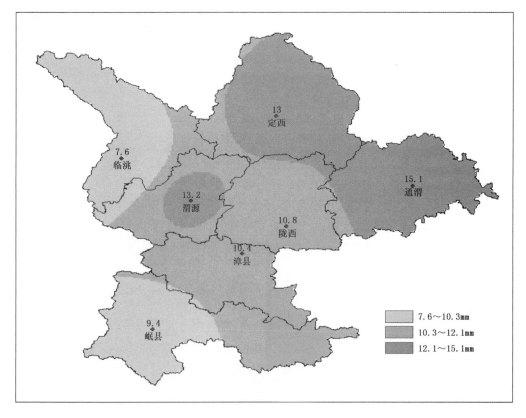

定西市 2018 年 1 月各地降水量分布(单位:mm)

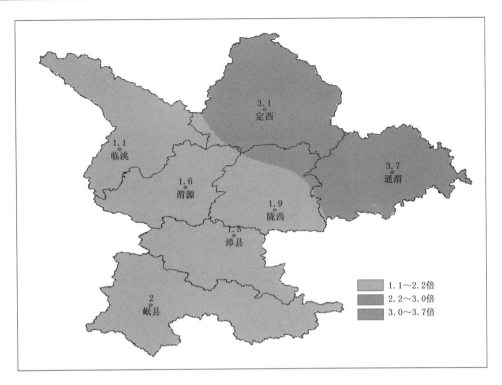

定西市 2018 年 1 月各地降水距平分布

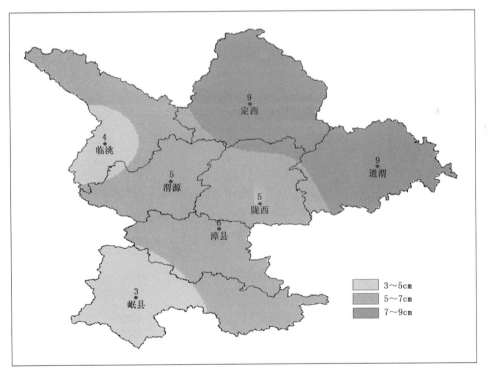

定西市 2018 年 1 月各地最大积雪深度分布(单位:cm)

二、平均气温、最低气温分布

1月,全市各县(区)平均气温为-8.0～-5.6℃,较历年同期偏低0.3～1.1℃。上旬和下旬有两次较强的冷空气影响全市,相比之下,上旬冷空气略强,48小时各地最低气温下降9～12℃。月最低气温-22.5～-17.5℃,地面最低温度为-18.8～-14.1℃(见下列各图)。

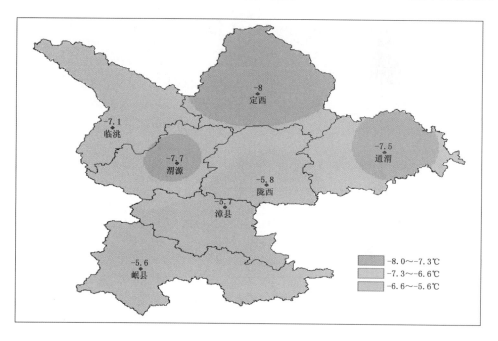

定西市2018年1月平均气温分布(单位:℃)

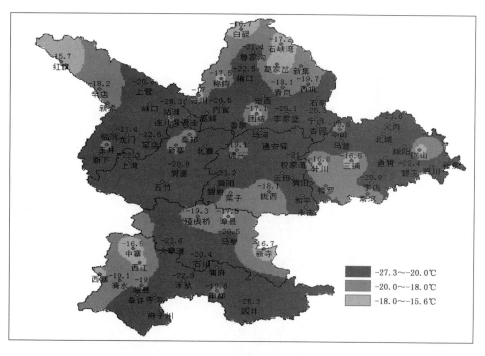

定西市2018年1月8—9日各地最低气温分布(单位:℃)

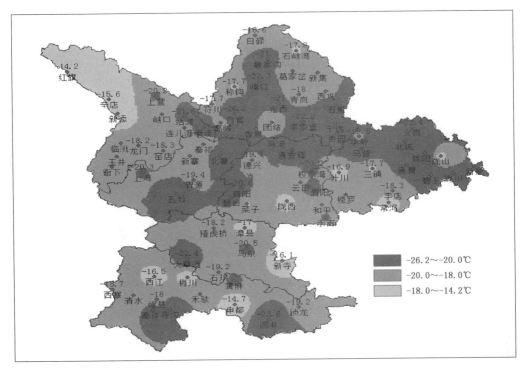

定西市 2018 年 1 月 31 日各地最低气温分布(单位:℃)

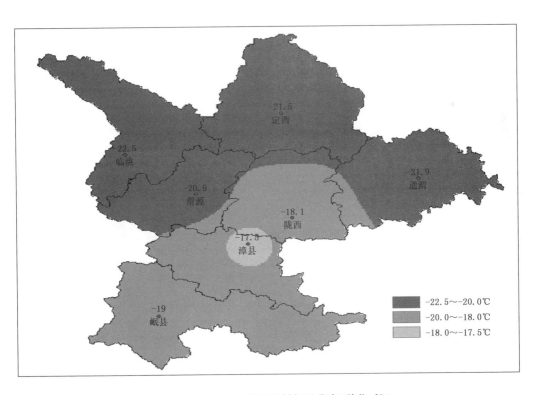

定西市 2018 年 1 月各地最低气温分布(单位:℃)

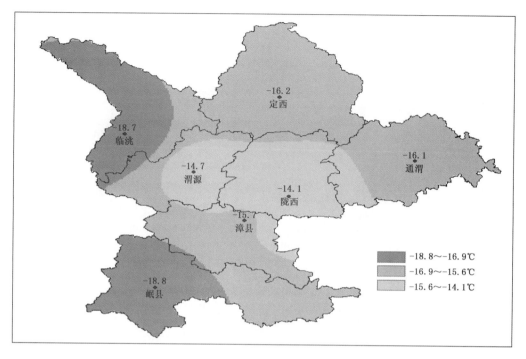

定西市 2018 年 1 月各地地面最低温度分布(单位:℃)

三、降雪、降温天气对农业生产的影响评估

对于定西这个半干旱地区来说,人们对雨雪非常渴望和眷恋,因为雨雪意味着丰收,与碗中米面密切相关,瑞雪兆丰年,降雪让定西农民脸上不由自主地露出喜悦的笑容。

降雪净化了空气,改善了空气质量,有效抑制流感的传播;降雪抑制了土壤水分的蒸发,同时增加了墒情,减轻来年春旱的威胁;降雪降低了森林火险等级,降雪前大部地方 80 多天未出现有效降水,风干物燥,森林和民用火险等级不断攀升,而降雪能有效降低森林火险等级;积雪阻塞了地表空气的流通,使部分在土壤中越冬的害虫窒息而死或被冻死;积雪的保温作用,利于冬小麦等越冬作物的安全越冬。

但是,降雪、降温对设施农业不利。温棚内作物因降雪降温寡照影响光合作用,导致作物生长不良,而且还容易遭受真菌病害,据调查,降雪后温棚内的草莓普遍出现白粉病;由于温度低,部分防寒措施不到位的温棚马铃薯、当归苗、黄瓜等受冻,同时,个别农户贮藏马铃薯的窖因窖口覆盖不严而导致马铃薯受冻(见下列各图)。但这两场降温降雪与 2008 年 1 月的低温冰冻灾害相比明显偏轻(见上图),一方面,各地 1 月最低气温比 2008 年高 0.6~2.5℃,连阴雪寡照时间较 2008 年短,各县区 1 月日照时数较 2008 年 1 月偏多 15~58 小时;另一方面,人们重视重大天气预警信息和农业气象信息的应用,大部分温棚种植户防冻措施到位,减轻了低温冻害造成的损失。

另外,因冻造成部分农户的自来水管、水表破裂。同时,降雪给交通运输和人们出行也造成了很大的困难。

四、未来天气展望及生产建议

据定西市气象台预测,未来一周全市大部地方无明显冷空气影响,主要为晴间多云天气,大部地方最低气温在－18～－14℃。为此建议：

1.随时注意收听气象信息,关注温棚内温度,及时采取保温措施,保证棚内作物正常生长。

2.对于漳县部分温棚种植户已受冻的黄瓜等蔬菜,要及时剪除受冻的茎和叶,防止病原菌趁机侵染诱发病害。

3.注意温棚内作物受冻后不能立即闭棚升温,而要使棚内温度缓慢上升,防止受冻的作物因温度急剧上升而使细胞组织坏死。

4.受冻作物最怕强光直射,因此,在卷草帘时要开花帘,即卷1帘,隔1帘不卷;卷保温被时,先卷起1 m左右。防止棚内受冻作物强光直射后失水干缩而失去生命活力。

5.可用喷雾器进行少量喷水,促使受冻作物吸水恢复活力。

6.对棚内作物草莓等已发现感染白粉病的作物,要抓紧喷药防治。

2018 年 1 月 15 日甘肃省凯凯农业发展股份有限公司温棚马铃薯生长状况

定西市 2008 年 1 月 31 日温棚马铃薯受冻

定西市安定区 2018 年 1 月温棚马铃薯受冻状况

定西市安定区 2018 年 1 月温棚草莓因低温和白粉病生长状况不良

定西市漳县 2018 年 1 月 8—9 日温棚黄瓜受冻情况(1)

定西市漳县 2018 年 1 月 8—9 日温棚黄瓜受冻情况(2)

第3章 马铃薯农业气象服务指标

马铃薯农业气象指标是开展马铃薯农业气象业务服务的重要基础,是马铃薯业务发展亟待解决的基础性问题。好的马铃薯农业气象服务指标是做好马铃薯农业气象预报、农业气象情报和农业气象服务系统的关键。

定西农试站在总结马铃薯农业气象田间试验、农业气象观测和农情调查的基础上,不断完善马铃薯农业气象服务指标体系,建立了播种期和生育关键期高温热害指标、晚疫病发生发展预测指标、苗期霜冻指标、温棚马铃薯脱毒苗冻死指标、贮藏窖(库)适宜温湿指标、初秋温棚第一次盖棚指标等。

3.1 马铃薯高温热害指标

马铃薯高温热害是指高温对马铃薯生长发育和产量形成所造成的不良影响,导致马铃薯减产和品质降低的一种农业气象灾害。长期以来,不同领域、不同单位和个人在观测马铃薯高温热害和鉴定高温热害对马铃薯生长发育影响时所采用的高温热害等级及其指标不统一,实用性和可操作性较低,存在诸多混乱现象,尤其是马铃薯播种期的高温热害往往被人们所忽略,而高温烧伤马铃薯种薯幼芽影响出苗率,轻则影响30%的马铃薯不能出苗,重则导致70%以上的不能出苗。

我们将近年来的马铃薯不同生育期高温热害的观测、调查、试验进行总结分析,确定马铃薯高温热害致灾等级标准,规范马铃薯高温热害观测、监测和评估工作(表3.1)。

马铃薯高温热害等级已被甘肃省质监局作为甘肃地方标准在2015年12月22日颁布,2016年1月22日实施。

表3.1 马铃薯高温热害指标

发育时段	致灾因子	致灾等级		
		轻度	中度	重度
播种	播种当天地面温度≥29℃的小时温度总和	29～80℃	81～180℃	≥180℃
花序形成期	日最高气温、地面最高温度及浅层地温(线性温度)之和	800～1149℃·d	1150～1899℃·d	≥1900℃·d
开花期	日最高气温、地面最高温度及浅层地温(线性温度)之和	640～859℃·d	860～1699℃·d	≥1700℃·d
块茎膨大期	日最高气温、地面最高温度及浅层地温(线性温度)之和	620～839℃·d	840～1679℃·d	≥1680℃·d

3.2　马铃薯晚疫病预测指标

马铃薯晚疫病是一种导致马铃薯茎叶死亡和块茎腐烂的毁灭性病害,定西市农试站把预报、监测和防治马铃薯晚疫病作为做好马铃薯气象服务的一个重点。为了建立适宜的马铃薯预测指标,定西农试站先后开展了"重茬马铃薯晚疫病与倒茬马铃薯晚疫病的对比试验研究""马铃薯当年倒茬试验研究",并连续多年进行了马铃薯晚疫病的田间实际观测和温湿度观测,建立了马铃薯晚疫病轻、中、重的预测指标(表 3.2)。

表 3.2　马铃薯晚疫病发生发展预测指标

项目	灾情等级	指标
晚疫病	轻	开花后(马铃薯叶面积指数≥1.2),出现 2 天连阴雨天气,空气相对湿度连续 6 小时≥85%,日平均气温 13～18℃时利于晚疫病发生
	中	开花后(马铃薯叶面积指数≥2.0),出现 3～5 天连阴雨天气,空气相对湿度连续 3 天≥90%,日平均气温 13～18℃,晚疫病迅速蔓延
	重	开花—可收(马铃薯叶面积指数≥2.3),连阴雨≥6 天,空气相对湿度连续 6 天≥95%,且多雾、露,日平均气温 10～18℃,晚疫病发生严重,从叶片、茎到地下块茎均发生,已无可救药

3.3　马铃薯初、终霜冻指标

对于马铃薯来说,初霜冻较终霜冻危害为重。初霜冻一般出现在 10 月上中旬,马铃薯已近收获,霜冻的影响较为严重。若初霜来得早,强度大,则会导致马铃薯地上茎叶提前干枯,光合作用停止,淀粉积累终止,从而导致马铃薯品质差,产量低。定西农试站通过对淀粉积累期和采挖期将已经堆放在大田的马铃薯进行试验,得出了不同初霜冻指标。而终霜冻主要影响马铃薯幼苗期的生长,马铃薯霜冻受害等级和症状见表 3.3,马铃薯霜冻害等级指标见表 3.4。

表 3.3　马铃薯霜冻受害等级和症状

受害等级	受害症状
轻	出苗至分枝期:10%～20%的叶片及叶柄受冻,呈水浸状,天晴变暖后,受害部位逐渐变褐干枯。预计减产小于 10%
	淀粉积累至可收期:10%～20%的叶片及叶柄底部受冻,呈水浸状,天晴变暖后,受害部位逐渐变褐干枯。预计减产小于 10%
中	出苗至分枝期:30%～50%的叶片及叶柄底部受冻,呈水浸状,天晴变暖后,受害部位逐渐变褐干枯。部分植株被冻死,预计减产 10%～20%
	淀粉积累至可收期:30%～50%的叶片及叶柄底部受冻,呈水浸状,天晴变暖后,受害部位逐渐变褐干枯。部分植株被冻死,预计减产 10%～20%
重	出苗至分枝期:60%以上的叶片及叶柄底部受冻,呈水浸状,天晴变暖后,受害部位逐渐变褐干枯。>50%的植株被冻死,预计减产 20%以上。
	淀粉积累至可收期:60%的叶片及叶柄底部受冻,呈水浸状,天晴变暖后,受害部位逐渐变褐干枯。60%以上的植株被冻死,预计减产 20%以上

表 3.4　马铃薯霜冻害等级指标（日最低气温）

	出苗－分枝期	淀粉形成－可收期
轻	0.0～－0.5℃	0～－0.4℃
中	－0.6～－2.0℃	－0.5～－0.9℃
重	≤－2.1℃	≤－1.0℃

3.4　温棚马铃薯农业气象指标

　　为做好温棚马铃薯脱毒苗气象服务，近年来，甘肃省定西农试站开展了棚内不同区域马铃薯冠层温度、湿度、5 cm 地温对比观测。测定结果表明，棚南马铃薯冠层温度较棚中低 0.6℃，棚中较棚北高 0.5℃。通过试验、调查，总结出了温棚马铃薯冻害防御轻、中、重不同等级的冻害指标、通风指标、秋季上膜和盖帘指标（表 3.5）。

表 3.5　温棚马铃薯农业气象指标及防冻对策和措施

指标	灾害指标	解 释 及 对 策
冻害轻级	当棚外最低气温达－20 ℃（棚内 1 ℃）时	温棚内马铃薯停止生长 对策：在棚南端加草帘围裙，可防御冻害
冻害中级	当棚外最低气温－21～－22 ℃时为严重受冻指标（棚内－1～－2 ℃）	温棚内马铃薯部分叶片受冻 对策：棚外草帘用厚塑料包裹，并在南端加草帘围裙，可防御冻害
冻害重级	当棚外最低气温为－23℃，连续最低气温≤－20.0 的负积温≤－88℃·d	未采取防御措施的温棚马铃薯全部冻死。当最低气温≤－23℃时，马铃薯冻死 对策：棚外用塑料包裹再加草帘围裙，棚内增浴霸灯 10 个左右，再搭建小拱棚等保温措施可避免冻害
开通风口	当棚外气温为－12℃（棚内温度大于25℃）时，打开通风口，使棚内温度保持 16～20℃	晴天时温棚温度升温速度很快，要及时观测温棚内温度变化，温度太高会烧伤或烧死马铃薯幼苗。因此，要及时开通风口通风降温。在定西安定区 1 月份约在 11 时 30 分左右打开通风口为宜
初秋第一次上棚膜和草帘	正常年份初秋第一次上棚膜为日平均气温降到12℃；上草帘一般为日平均气温降为 5℃左右	掌握温棚初秋第一次上棚膜和草帘的时间非常关键，秋季第一次冷空气入侵，若没有上棚膜或草帘都会将棚内幼苗冻死。注意收听气象信息，及时上膜和盖草帘

第4章 各种马铃薯病虫害的辨别与防治

本章列举了6种马铃薯病害、6种马铃薯虫害,并附有彩色插图来辨别主要马铃薯病害和虫害。介绍了马铃薯病虫害与防治方法。

4.1 马铃薯晚疫病

4.1.1 症状

晚疫病是马铃薯主产区最严重的一种真菌性病害。主要危害叶、茎和薯块(图4.1)。

图4.1 马铃薯晚疫病

(1)叶部症状:病害常先从植株的下部或中部叶片发生,初期出现苍白色或水渍状深绿色小斑块,逐渐扩大,往往自叶尖或叶缘向叶中部发展,或从中部叶脉附近形成病斑。天气潮湿时,病斑迅速扩大成圆形或不规则形大斑。与叶面病斑相对的背面病斑呈褐色至黑色,周围长出白色的霉状物,呈稀疏粉状轮纹,病斑边缘常出现一圈淡绿色或暗黄色的晕圈。严重时病斑扩展到主脉、叶柄和茎部,使叶片萎蔫下垂,最后整个植株的叶片和茎秆变黑或呈湿腐状,故有的地方农民称马铃薯晚疫病为"瘟病"。天气干燥时,病斑干枯成褐色,不产生霉状物。

(2)茎部症状:茎部的病斑是在皮层形成长短不一的褐色条斑,开裂或不开裂,在潮湿条件下也会长出稀疏的白霉。茎部的感染可从叶柄的病斑扩展至茎部,也可以由带病种薯侵入幼苗后向上扩展所致。带病种薯形成的病苗是中心病株。

(3)块茎症状:受感染的薯块初期在表面出现淡褐色或稍带紫色的圆形或不规则褪色小斑,之后稍微下陷。病斑向薯块表层扩展,有的扩展到内层,呈深度不同的褐色坏死组织。受晚疫病侵染的薯块为其他病菌、特别是细菌造成了侵入的途径。在细菌相继侵入后,病斑迅速扩大形成软腐,散发出难闻的气味。入窖的薯块若带有晚疫病,在适合条件下病斑会继续扩大,再加上软腐细菌的侵袭,很容易导致烂窖。

4.1.2　传播危害规律

马铃薯晚疫病以带病种薯为主要初侵染源。带病种薯播种后,在植株茎部形成不明显的茎斑,在潮湿环境下产生孢子囊,形成田间中心病株。在连续 2 天以上的阴雨天气或空气相对湿度≥85％且马铃薯叶面积指数≥2.0 时,孢子囊借气流和风雨传播,经多次再侵染,造成病害大面积流行危害。在环境条件适宜时,病害从出现发病中心到全田枯死仅需 15～20 天时间。大西洋、夏波蒂、新大坪发病早,危害重,陇薯 3 号、陇薯 5 号、陇薯 6 号、庄薯 3 号在一般年份发病较迟,危害轻,对产量影响不大。田间能见到病害明显症状在 8 月下旬至 9 月上旬。

4.1.3　防治方法

马铃薯晚疫病的防治方法如下:

(1)选用抗病品种,种植无病种薯。目前甘肃大部地方种植的抗耐病品种有庄薯 3 号、陇薯 3 号、陇薯 7 号和青薯 9 号等。

(2)适期晚播可减轻危害,加强田间管理增强抗病性。

(3)播种前 1～2 天,每 100 kg 种子用 58％甲霜灵锰锌可湿性粉剂 100 g 兑水 1～3 kg 拌种。

(4)化学防治。每亩用 58％甲霜灵锰锌可湿性粉剂或 72％霜脲氰锰锌(克露)100 g,兑水 50 公斤,在发病初期开始喷雾,交替使用,每隔 7～10 天喷 1 次,连喷 3～5 次(图 4.2)。

图 4.2　化学防治

4.2　马铃薯早疫病

4.2.1　症状

多从下部老叶开始,叶片病斑近圆形,黑褐色,有同心轮纹,湿度大时病斑表面出现黑霉。发生严重时,病斑互相连合成黑色斑块,致叶片干枯脱落(图 4.3)。

图 4.3　马铃薯早疫病(见彩图)

4.2.2　传播危害规律

早疫病菌属半知菌。菌丝在植株病残体和薯块、其他茄科植物上越冬。翌年菌丝体侵染寄主,产生分生孢子,借风雨、气流侵染周围植株,可发生多次再侵染,使病害大面积流行危害。在高温干旱条件下,特别是在干旱和雨露天气交替出现时,病害发展快,危害重;土壤瘠薄,植株长势弱,病害发生重;新大坪、大西洋发病重,陇薯系列、庄薯 3 号较为抗病。一般 7 月中下旬马铃薯结薯期,田间叶面积指数较高时早疫病易在田间发生。

4.2.3　防治方法

马铃薯早疫病的防治方法如下:

(1)农业防治。选择豆科、禾本科茬口,土壤肥沃的高燥田块,增施有机肥、钾肥,提高抗病力;清除田间病残体,减少侵染源;选用早熟抗病品种,适时提早收获。

（2）化学防治。发病初期，每亩用70％代森锰锌可湿性粉剂或72％霜脲氰·锰锌可湿性粉剂100 g喷雾防治。或每亩用75％的百菌清100 g或50％多菌灵100 g兑水50 kg喷雾，每隔7～10天喷1次，连喷3～5次。

4.3　马铃薯病毒病

4.3.1　花叶型病毒病及其防治方法

包括普通花叶、重花叶和皱缩花叶（图4.4）。

图4.4　花叶型病毒病（见彩图）

普通花叶，一般植株发育较正常，仅在中上部叶片表现轻微花叶或有斑点。这种类型分布极广，但危害较轻。

重花叶又称条斑花叶，病株叶片变小，叶脉、叶柄及茎上均有黑褐色坏死条斑，后期植株下部叶片干枯，但不脱落，表现为垂叶坏死。这种类型分布较广，危害较重。

皱缩花叶，是我国最严重的马铃薯病毒病，发病植株显著矮化，叶片严重皱缩、变小，花叶严重，叶脉、叶柄及茎上均有黑褐色坏死条斑，小叶叶尖向下弯曲，全株呈绣球状。病株落蕾、不开花，严重时早期枯死。这种类型分布广泛，危害严重，可导致马铃薯减产60％～80％。

马铃薯花叶病防治方法如下：

（1）选用脱毒种薯。

（2）合理倒茬。

（3）选留无病种薯。

（4）切刀消毒，种薯块用草木灰拌种。

（5）苗期及时防治蚜虫，发病初期用1.5％的植病灵乳剂100倍液或20％的病毒A可湿性粉剂500倍液喷雾。

4.3.2　S型病毒病及其防治方法

病原为马铃薯S病毒。感病植株的典型症状是叶脉下凹，叶片粗缩，叶尖微向下弯曲，叶色变浅，轻度垂叶，植株呈开散状（图4.5）。但因马铃薯品种的抗病性不同，病株症状表现有些差别。具有一定抗病性的品种感病后，病株叶片常产生轻度斑驳花叶和轻皱缩。

图 4.5　S 型病毒病(见彩图)

抗病性较弱的品种感病后,病株生育后期叶片有青铜色,严重皱缩,在叶片表面产生细小坏死斑点,老叶片不均匀变黄,常有绿色或青铜色斑点。抗病性较强的品种感病后没有明显病状,只有与健株相比较,才能观察区别病株,如有的病株较健株开花少。

防治方法:在农药店购置病毒灵按说明兑水喷施防治;防治时间一般以阴天或晴天 08—10 时、16—20 时无风或微风时进行为宜;注意收听气象信息,抓住晴好天气施药,雨天因雨水冲刷,影响药效。

4.3.3　卷叶型病毒病

感病植株矮化,叶片边缘以中脉为中心向上卷曲,发病严重时卷成圆筒状,叶片硬而脆,有的叶片背面呈红色或紫红色,薯块小而密生(图 4.6)。分布广泛,一般可导致马铃薯减产 30%～40%。

4.3.4　束顶型病毒病

病株叶柄与茎呈锐角着生,向上束起,叶片变小,常卷曲呈半闭合状,全株失去光泽的绿色,有的植株顶部叶片呈紫红色。

图 4.6　卷叶型病毒病(见彩图)

4.3.5　防治方法

(1)种植抗病或耐病品种。大力推广脱毒种薯,可减轻病毒引起的品种退化。

(2)化学防治。第一,苗期及时防治蚜虫。第二,发病初期用 1.5% 植病灵乳剂 1000 倍液或 20% 病毒 A 可湿性粉剂 500 倍液喷雾。

4.4　马铃薯黑胫病

4.4.1　症状

主要侵染茎或薯块,幼苗染病后植株矮小,节间短缩,叶片上卷,褪绿黄化,茎基部变黑,萎蔫而死。横切茎秆可见三条主要维管束变为褐色。染病薯块始于脐部,横切可见维管束呈黑褐色,用手压挤皮肉不分离,湿度大时,薯块变为黑褐色,腐烂发臭。

4.4.2　防治方法

（1）选用抗病无病种薯。建立无病留种田，整薯播种，催芽晒种，淘汰病薯。田间发现病株及时挖除。

（2）用 0.2％高锰酸钾溶液浸种 20～30 min，晾干后播种。

4.5　马铃薯环腐病

4.5.1　症状

环腐病属细菌性维管束病害。分为枯斑和萎蔫两种类型。枯斑型多在植株基部复叶的顶上先发病，叶尖和叶缘及叶脉呈绿色，叶肉为黄绿或灰绿色，具明显斑驳，且叶尖干枯或向内纵卷，病情向上扩展，致全株枯死；萎蔫型初期则从顶端复叶开始萎蔫，叶缘稍内卷，似缺水状，病情向下扩展，全株叶片开始褪绿，内卷下垂，终致植株倒状枯死。块茎发病时，切开可见维管束部分或全部变为乳黄色以至黑褐色，皮层内现环形或弧形坏死部，用手挤压薯块，可以看到从

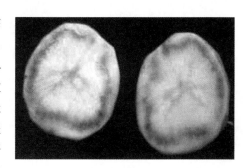

图 4.7　马铃薯环腐病（见彩图）

维管束部挤出乳白色或黄色菌浓，皮层和薯肉分离。病株的根、茎部维管束常变褐（图 4.7）。

4.5.2　侵染循环

初侵染源是带病种薯，通过切刀切薯传播，病株结的薯块带菌，成为翌年侵染源。病田连作病害并不加重。只有病薯混杂在种薯中，在播前切薯时，用切刀切过带病的薯块，再切健薯时可以传病，增加田间发病率。据试验，切一刀病薯，可传染 28～60 个健薯。

4.5.3　防治方法

（1）播前挑拣病烂薯。播种前 7～10 天将种薯摊开在房间，厚度 2～3 层，隔天挑拣一次病烂薯，待出芽后再放在散射光下晒种 2～3 天，待幼芽长到火柴头大小，且变紫变绿时切薯播种。

（2）整薯播种留种。

（3）芽栽。

（4）切刀消毒。切薯时准备 2 把刀具，当切到病薯或可疑薯块时将薯块弃掉，切刀放入 0.1％高锰酸钾溶液中浸泡消毒，或用 75％的酒精擦拭消毒，换用另一把切刀切薯。

4.6　马铃薯疮痂病

4.6.1　症状

马铃薯疮痂病是放线菌侵染引起的,主要危害薯块。发病初期在块茎表面先产生褐色小点,以后病斑逐渐扩大,破坏表皮组织,形成褐色圆形或不规则形大斑块,因产生大量木栓化组织致使表面粗糙,后期中央稍凹陷或凸起呈疮痂状硬斑块,病斑仅限于皮部不深入薯内,别于粉痂病(图 4.8)。病菌主要从皮孔侵入,表皮组织被破坏后,易被软腐病菌入侵,造成块茎腐烂。

图 4.8　马铃薯疮痂病(见彩图)

4.6.2　发病规律

疮痂病主要由土壤中的放线菌入侵造成。放线菌在含石灰质土壤中特别多。高温干旱条件下在碱性土壤中种植不抗疮痂病的品种,往往发病严重。低温、高湿和酸性土壤对病菌有抑制作用。

4.6.3　防治方法

(1)在块茎生长期间,有条件的地方少量多次灌水,保持土壤湿度,防止干旱。
(2)实行 5 年以上的轮作倒茬。
(3)播种前用 0.2％福尔马林(含甲醛 40％)浸种 2 小时,捞出晾干后播种。

4.7　蚜虫

4.7.1　症状

蚜虫俗称"旱虫",一般为成虫群集在马铃薯叶背,传播马铃薯病毒病(图 4.9)。

4.7.2　防治方法

(1)种薯处理。用 70％吡虫啉种子可分散剂 40 g 兑水 1～3 kg 拌 100 kg 种薯。

图 4.9　蚜虫(见彩图)

(2)药剂防治。亩用 50％抗蚜威可湿性粉剂 6～8 g 或 2.5％溴氰菊酯乳油 20～40 ml 或 3％啶虫脒乳油 40～67 ml 兑水 40～50 kg 喷雾,也可用 10％吡虫啉可湿性粉剂 2000～2500 倍液喷雾。

(3)黄板诱蚜。在马铃薯种薯基地网室内设置黄板,高出地面 0.5 m,相隔 3～5 m,板面涂抹机油,诱杀有翅蚜。

4.8　蛴螬

4.8.1　形态特征

蛴螬是金龟甲的幼虫,属鞘翅目金龟子总科。成虫(金龟子)椭圆或圆筒形,体色因种而异,有黑、棕、黄、绿、蓝、赤等,多具光泽。触角鳃叶状,足 3 对。在定西市为害的主要种类有小云斑金龟、大黑鳃金龟、暗黑鳃金龟、铜绿丽金龟等。蛴螬(幼虫)体长因种类而异,一般长30~40 mm。乳白色,肥胖,常弯曲成(C)马蹄形(即蛴螬型)。头部大而坚硬,红褐或黄褐色。体表多皱纹和细毛,胸足 3 对。尾部灰白色,光滑(图 4.10)。

图 4.10　蛴螬(见彩图)

4.8.2　生活习性

除成虫有部分时间出土外,其他虫态均在地下生活。生活史较长,完成一个世代一般需 1~2 年,有的 3~6 年。以幼虫和成虫越冬。金龟甲有夜出性和日出性之分,夜出性种类多有不同程度的趋光性,夜晚取食为害;而日出性种类则白昼在植物上活动取食。蛴螬食性杂,可以危害多种农作物、果树、牧草及蔬菜。取食萌发的种子,咬断幼苗根、茎,轻则造成缺苗断垄,重则毁种绝收。被害幼苗的根、茎断面整齐平截,易于识别。

4.8.3　防治方法

防治方法如下:

(1)施用腐熟的有机肥。农家肥经堆沤发酵腐熟后施用,金龟甲、叩头甲对未腐熟的农家肥有趋性,趋使其将卵产在未腐熟的粪肥中,施用未腐熟的农家肥地下害虫发生重,农家肥经高温堆肥后可杀死其中的卵和幼虫。

(2)深翻耕地。将幼虫暴露在土表,经暴晒、冷冻而死,或被鸟类啄食。

　　（3）灌水。地下害虫危害严重时灌水,促使幼虫向土壤深层转移,避开幼苗最易受害时期。

　　（4）用频振式杀虫灯(黑光灯)诱杀成虫。

　　（5）土壤处理。地下害虫危害较重的田块,亩用 50％辛硫磷或 40％甲基异柳磷 500 ml 加水 5 kg,喷于 50 kg 细土中拌匀制成毒土,犁地时撒入犁沟,也可撒于地表,随即耕翻耙耱。或亩用 5％辛硫磷颗粒剂或 3％甲拌磷颗粒剂 3～5 kg 处理土壤。

　　（6）拌种。用辛硫磷或甲基异柳磷、甲拌磷按种子重量的 0.2％拌种,兑水量是用药量的30～40 倍。

　　（7）毒谷诱杀。用 5 kg 谷子或麦皮炒半熟,拌 50％辛硫磷 100 g 制成毒谷,傍晚在作物行间开浅沟,将毒谷撒入沟内,诱杀地下害虫。

　　（8）深翻土壤。马铃薯收获后及时深耕土壤 30 cm,随耕随拾,并将害虫暴露在地表,使其被冻死、风干或被天敌啄食。

　　（9）除草。在马铃薯整个生育期都要及时铲除田间杂草,用草甘膦、克无踪等灭生性除草剂防除田边、田埂上的杂草,减少地下害虫寄生和产卵场所。

　　（10）施用腐熟的有机肥。未经腐熟的畜禽粪肥最容易引诱金龟甲和叩头甲产卵,会将大量的虫卵带到土壤中,畜禽粪肥经高温堆沤可杀死粪肥中的大量虫卵。

4.9　金针虫

4.9.1　形态特征

　　金针虫是叩头甲类的幼虫,属鞘翅目叩头甲科。主要种类有细胸金针虫、褐纹金针虫和沟金针虫。定西地区这 3 种金针虫均有分布,以细胸金针虫分布最广。细胸金针虫体色淡黄褐色(初孵白色半透明),细长,圆筒形;沟金针虫体色黄褐色(初孵化时白色),体形较宽,扁平,胸腹背面有 1 条略凹的纵沟,尾端分叉,各叉内侧有一小齿;褐纹金针虫体色棕色有光泽,尾节扁平且尖,尾节前缘具有半月形斑 2 个(图4.11)。

图 4.11　褐纹金针虫

4.9.2　生活习性

　　6 月中下旬成虫羽化,活动能力强,对刚腐烂的禾本科草类有趋性。6 月下旬至 7 月上旬为产卵盛期,卵产于表土内。幼虫喜潮湿的土壤,一般在 5 月份为害严重,7 月上中旬土温升高即逐渐停止为害。可危害多种农作物、果树、蔬菜等。幼虫在土中取食播种的种子、萌发的幼苗、作物根、茎,致使作物枯萎死亡,造成缺苗断垄,甚至全田毁种。被害幼苗的根、茎部断面不整齐。

4.9.3　防治方法

　　与防治蛴螬的方法相同。

4.10　马铃薯瓢虫

4.10.1　形态识别及危害特点

马铃薯瓢虫主要危害马铃薯、茄子、番茄、黄瓜、辣椒和豆类等作物,尤以马铃薯受害最重。成虫、幼虫均有危害性,咬食叶肉,仅留表皮,被害叶片成天窗状,而且危害期较长,重害田块的马铃薯叶片提前干枯。成虫鞘翅上有 28 个黑斑,也叫二十八星瓢虫(图4.12)。

图 4.12　马铃薯瓢虫

4.10.2　防治方法

马铃薯瓢虫的防治方法如下:

(1)人工捕捉成虫。利用成虫的假死性,拍打植株使之坠落,收集消灭。

(2)人工摘除卵块。此虫产卵集中,颜色鲜艳易找,也易于摘除卵块,集中处理。

(3)药剂防治。在卵孵化盛期至幼虫 3 龄前用 4.5％高效氯氰菊酯乳油,或 2.5％三氟氯氰菊酯乳油(功夫)、2.5％溴氰菊酯乳油(敌杀死)3000 倍液喷雾,或 50％辛硫磷乳剂 1000 倍液,7～10 天喷药 1 次,视虫情喷药防治 2～3 次。

第 5 章　马铃薯周年农业气象服务

5.1　各月马铃薯农业气象服务任务

各月马铃薯农业气象服务任务见表5.1。

表 5.1　各月主要农业气象服务任务

月份	主要农业气象服务任务
3 月	根据省、地气象预报，上旬发布顶凌覆膜期预测服务产品
4 月	发布大田（地膜）马铃薯适宜播种期预测服务产品
5 月	①马铃薯播种期农业气象条件分析 ②终霜对马铃薯的影响分析
6 月	马铃薯开花期和块茎膨大期预报
7 月	①马铃薯晚疫病预测 ②高温开始期及持续时间预测及对马铃薯的影响分析 ③马铃薯产量趋势预报 ④马铃薯晚疫病防治对策 ⑤病虫害防治天气分析
8 月	①马铃薯晚疫病防治 ②马铃薯产量预报 ③雨情、墒情、农情、旱涝灾情及马铃薯病虫害的监测及服务
9 月	①马铃薯产量订正预报 ②马铃薯淀粉积累期气象条件分析 ③马铃薯价格趋势预测 ④初霜早晚、强度预报及对马铃薯淀粉积累和收获期的影响
10 月	马铃薯收获期气象服务
11 月	①马铃薯营销期天气条件分析 ②马铃薯贮藏期农业气象条件分析 ③强寒潮、强降温、降雪等灾害天气的监测预报
12 月至次年4月	①农业气象灾害对马铃薯的影响评估 ②寒潮、强降温或温度高等对马铃薯贮藏的影响分析

5.2　马铃薯气象与服务内容

5.2.1　顶凌覆膜期

（1）有利气象条件

a)　表层土壤 15 cm 解冻。

b)　0～50 cm 土壤相对湿度为 50％～80％。

c)　晴间多云天气、静风或风速≤3 m/s。

（2）不利气象条件

a)　大风、沙尘天气。

b)　气温连续≥15℃超过 7 小时。

c)　0～50 cm 土壤相对湿度＜50％时不宜秋覆膜。

（3）病虫与气象

无。

（4）农事建议

a)　视解冻情况，15 cm 土壤解冻后，晴天适宜选在风小的下午进行覆膜。

b)　选择土层厚、质地疏松且前茬为小麦、豌豆、扁豆等地块。

c)　利用旋耕机将土壤深松，施足基肥、精耕细耙、增施化肥（图 5.1）。

图 5.1　顶凌覆膜期工作开展

5.2.2　播种—分枝期

（1）有利气象条件

a)　最适气温 10～18℃。

b)　0～20 cm 土壤相对湿度在 60％左右。

（2）不利气象条件

a)　持续无雨、干旱，0～20 cm 土壤相对湿度≤40％。

b)　大风沙尘、晴天时最高气温≥29℃的小时累积温度在 81℃以上。

c)　连阴雨，造成田间土壤过湿，0～20 cm 的平均土壤相对湿度≥80％。

（3）病虫与气象

无。

（4）农事建议

a）　建议各地顺应天时,将马铃薯的全生育期安排在当年气候最适宜生长的时段,在马铃薯适宜播种时段内抓紧抢墒播种。

b）　据试验,当气温超过 29℃时,对马铃薯播种不利,因此,农户播种马铃薯时要注意收听气象信息,遇晴好高温天气应在 10 时前及 16 时后播种,避免因高温烧伤种芽而影响出苗率。

c）　马铃薯喜欢疏松肥沃的土壤,为此,要精耕细耙,提高整地质量,达到田块细、软、肥、平,为马铃薯生长发育创造良好的土壤环境条件。

d）　春季气温回升快,对贮藏马铃薯的地窖要勤检查,并及时通气降温,以免薯块发芽消耗养分,影响出苗。

e）　据定西市农业气象试验站试验研究结果表明,覆盖黑色地膜后膜内气温仍比大田气温明显偏高。因此,黑色全覆盖双垄侧播马铃薯适宜播种期较大田推迟 10 天左右,大部地方的黑膜全覆盖双垄侧播马铃薯适宜播种期在 5 月中下旬。

f）　部分地方马铃薯重茬较为严重,易造成晚疫病等的发生发展。建议各地注意合理倒茬,确保马铃薯高产优质。

g）　严格选用优良品种,要通过报纸、电视等新闻媒体,宣讲劣质马铃薯种子造成的严重后果。

h）　新修梯田因土壤肥力下降、微生物减少、物理性状变劣等原因,不利作物生长,建议在覆黑膜的新修梯田里,最好采用穴播机播种荞麦,这样相对产量和效益较种马铃薯为高。

i）　据定西农试站试验,黑膜全覆盖侧播马铃薯播种时湿度大将导致种薯腐烂,建议种植户播种黑膜马铃薯时一定要注意土壤湿度的大小,避免因土壤过湿而影响出苗率（图 5.2）。

图 5.2　播种—分枝期工作开展

5.2.3　结薯和块茎膨大期

（1）有利气象条件

a）　日平均气温为 16～18℃。

b）　降水正常且时空分布均匀,土壤墒情适宜,0～20 cm 土壤相对湿度在 60%～70%。

（2）不利气象条件

高温、干旱、连阴雨、冰雹及暴洪等。

（3）病虫与气象

低温、高湿利于马铃薯晚疫病发生发展。气温在 13～16℃,空气相对湿度≥80%易于造成马铃薯晚疫病的发生发展。

（4）农事建议

a) 高温干旱时，有灌溉条件的地方，要在早晚进行喷灌，以利降温增墒。

b) 及时除草松土，为马铃薯结薯和块茎膨大期的生长发育提供舒适的土壤环境，促使其地上和地下部分迅速生长。

c) 有明显阴雨天气时，各地要加强马铃薯晚疫病的监测，力争做到早发现，早防治，将马铃薯晚疫病的灾情降到最低程度。

d) 各地要加强防雹、防洪和地质灾害的防御工作，确保马铃薯安全生长发育。

e) 出现晚疫病时，各级领导要高度重视马铃薯晚疫病的防治监测工作，各地要加大对马铃薯晚疫病的监测力度，尤其是早播的马铃薯，叶面积指数高，田间湿度大，通风差，易于发生晚疫病，一定要做到早发现，早防治，确保当年马铃薯获得好的收成（图 5.3）。

f) 有明显降水过程时，马铃薯晚疫病易于发生发展，建议各地要加强组织，做好农药及喷药器械的准备工作，雨后要普遍施药一次，确保各地马铃薯生育后期的正常生长发育。

g) 每亩用 58% 甲霜灵锰锌（宝大森）可湿性粉剂 100 g 兑水 50～60 kg 喷雾，每隔 7～10 天喷药 1 次，连续喷 2～3 次，或与克露进行交替喷药防治，效果更好。

h) 晴天时，一天中喷药适宜时段为 08—10 时或 17 时以后效果好，高温期间喷药会影响药效。

i) 喷药时要从上风方开始为宜。要注意收听当地气象预报信息，雨前 4 小时不宜喷药，防止因雨水冲刷而影响药效。

图 5.3　马铃薯结薯和块茎膨大期的调查

5.2.4　淀粉积累和采挖期

（1）有利气象条件

a) 气候温凉，日平均气温在 10～14℃，晴朗微风，土壤墒情在 50%～60%。

b) 多晴好天气，无连阴雨和大范围强霜冻。

（2）不利气象条件

a) 淀粉积累期最怕连阴雨及 9 月下旬的早霜冻。

b) 采挖期怕连阴雨及大范围强霜冻。

（3）病虫与气象

无。

（4）农事建议

a)　选晴天收获,细心采挖,以免弄伤薯块。

b)　及时将挖出的薯块晾晒(图 5.4)。

图 5.4　马铃薯采挖

5.2.5　上市交易及贮藏期(11 月至次年 4 月)

(1)有利气象条件

晴好天气,无强降温、强寒潮天气。

(2)不利气象条件

a)　强降温、强寒潮天气。

b)　雨水过多。

(3)农事建议

a)　马铃薯贮藏库、窖要有专人负责,勤检查。窖温保持在 2～4℃,若发现白天气温过高时,可在无风的中午将窖口打开,适当通风透气。如遇冷空气侵袭,气温过低时,要设法覆盖,加强防冻。

b)　马铃薯贮藏窖内相对湿度要保持在 65％～70％,若空气相对湿度普遍较大时(一日中大部时段大于 85％),建议管理人员在室内撒石灰等干燥剂除湿。

c)　为了避免光照对马铃薯品质的影响,库、窖门要挂防透光的窗帘或可采用黑色透气的塑料袋进行覆盖,这样既可防光、防风,又可保鲜,避免因透光造成马铃薯变绿影响品质。

第6章 马铃薯抗旱栽培技术

6.1 黑膜全覆盖双垄侧播马铃薯抗旱栽培技术

马铃薯是喜凉作物,既不耐低温,又不抗高温,苗期和收获期要防霜冻,结薯和块茎膨大期要避开高温。

黑膜全覆盖双垄侧播马铃薯不仅有保温保墒作用,而且因透光率差,具有抑制杂草和减少青头薯等优点,解决了因干旱不能全苗等问题,在甘肃定西安定区一些地方种植确实显现了增产的优势,但因膜内温度较露地明显偏高,在部分地域也不适合推广,若盲目推广,会导致马铃薯结薯期因高温而出现结薯少、产量低、品质差等严重减产的情况。因此,推广黑膜全覆盖双垄侧播马铃薯抗旱技术不能一刀切,要因地制宜,视气候而定。

定西农试站 2011 年进行了黑、白膜增温效应试验,该站位于甘肃省中部,属典型的黄土高原半干旱气候区。海拔高度 1897m。年平均气温 7.2℃,最热月 7 月平均气温 19.3℃,最冷月 1 月平均气温－6.9℃;年降水量 377 mm,降水集中于夏季 6—8 月,降水量 205.6 mm,占年降水量的 54%;春季和秋季降水量基本相当,分别为 83.5 mm 和 79.0 mm;冬季最少,为 8.9 mm;雨热同季。年太阳总辐射为 5923.8MJ/m²;年平均日照时数 2437.0 小时,最多 2664.0 小时,最少 2159.7 小时。无霜期平均为 141 天,最长 183 天,最短 99 天。

试验结果表明,黑膜侧播马铃薯 0～20 cm 土壤相对湿度较露地马铃薯墒情高 14～20 个百分点。从 6 月开始到 8 月,晴好天气下,试验田黑膜内 5 cm 地温从 11 时到 20 时,每天有 10 小时左右的温度均在 30℃以上,而 10 cm 地温每天有 7 小时左右的温度在 30℃以上。马铃薯结薯和块茎膨大期的适宜温度为 16～18℃,在如此高温条件下,即使土壤湿度适宜也无法结薯和使块茎膨大。黑膜马铃薯在天气转凉的 9 月结薯,由于生长期短,淀粉含量低,产量和质量均很差。在海拔 2000 m 以上的地域测产显示,黑膜全覆盖双垄侧播马铃薯普遍较大田马铃薯产量高,尤其是大旱年份更加明显(图 6.1)。

图 6.1　海拔 2100 m 地域黑膜马铃薯长势和海拔 1897 m 地域黑膜马铃薯长势

6.2　技术方法要点

6.2.1　适时覆膜

当秋季降水多、土壤墒情好时,秋覆膜好,可达到秋雨春用的目的。一般以气象部门预测的"秋季适宜覆膜期预测"进行覆膜较为合理。当冬雪多、春季降水多时,一般适宜顶凌覆膜或春覆膜。

覆膜能保墒,但当土壤墒情很差时也无法造墒,据定西农试站试验和调查结果显示,秋季 0～50 cm 土壤相对湿度≤50% 时不宜覆膜,因覆膜和未覆膜墒情基本相同,加之遇大风时揭膜还需重新覆,这样浪费人力物力。覆膜要抢抓时机,秋季或初春当日降水量或过程降水量≥8 mm 即可覆膜。

6.2.2　选茬整地

选择地势平坦、土层深厚、土壤疏松的梯田地、川旱地。茬口以小麦、豆类、胡麻为好。覆膜前打糖,保持地面平整,土壤细、绵,无土坷垃,无前作根茬(图 6.2)。

6.2.3　起垄覆膜打孔

按大垄宽 70 cm、高 10 cm,小垄宽 40 cm、高 5 cm 进行起垄。起垄后选用 120 cm 宽、0.008～0.012 mm 厚黑色地膜全覆盖,地膜相接在小垄垄脊处,并拉紧压实,每隔 2～3 m 压一土腰带。覆膜后沿垄沟每隔 40～50 cm 打 2～3 mm 微孔,使雨水能及时渗入土壤。

图 6.2　整地覆膜

6.2.4　测土配方施肥

坚持有机肥(农家肥)、无机肥(氮、磷、钾)配合施用的原则,要根据当地土壤肥力进行合理配方施肥。一般先到田间取土样,然后利用土壤养分速测仪测定土壤中的结果,计算氮、磷、钾的含量,再根据不同的作物计算出该田块、该作物所需要的施肥量。

6.2.5　精选良种

降水在 500 mm 左右的地域选用陇薯 3 号、陇薯 6 号;降水为 370～450 mm 的地域选用新大坪,搭配大白花等优良品种。

马铃薯出窖、库后,要进行严格选种,剔除病、烂薯,播前 1 天将种薯切成 50 g 左右的薯块,切籽太早种薯里的水分容易散失,切籽太晚切口的地方来不及形成皮层,种在地膜里容易烂籽。每个薯块带 1～2 个芽眼。

6.2.6　防治虫害

覆膜后,由于膜内温度高、湿度大,利于虫卵孵化,所以,一般在整地起垄时每亩用 40% 辛硫磷乳油 0.5 kg 加细沙土 30 kg,或每亩用 40% 甲基异柳磷乳油 0.5 kg 加细沙土 50 kg,制成毒土撒施于土壤中来防治虫害。这个工序一定不能少,在冬暖或积雪覆盖厚的年份,地下害虫会安全越冬,等马铃薯出苗后常常被虫咬断幼苗根部,那时虫在地下,难以防治。

6.2.7　适时种植

马铃薯适宜播期内既可以保证全苗,避过霜冻,又可躲开高温,结薯和块茎膨大期迎上雨季。同时,要注意播种当天的天气状况,一般要避开种植当天≥29℃以上的晴热高温时段,甘肃大部一般在 09 时前播种,以防因高温烧伤种薯而影响出苗。

6.2.8　种植

种黑膜全覆盖双垄侧播马铃薯时,最好有 3 人配合,其中两人用人工移土点播器在大垄两侧距垄沟 10～15 cm 处打开播种孔,将土提出,另一人及时在孔内放马铃薯籽。当打第二个孔后,将第二个孔的土提出放入第一个孔内,以此类推。保持株距 40 cm 左右,每亩保苗 3200 株左右。底墒差的干旱年份,要适当调大株距。

6.2.9　田间管理

生长期要保护地膜。播种后遇雨,在播种孔上已形成板结,应及时破除板结,以利出苗;出苗时如幼苗与播种孔错位,应及时放苗;适时拔出地表杂草,并压实地膜破损处。

据定西农试站试验测定,地膜马铃薯雨天田间空气相对湿度达 90%,较大田马铃薯高 6%,易浸染晚疫病。因此,对于黑膜全覆盖侧播马铃薯晚疫病要预防为主,当出现 3 天以上连阴雨时,不管有无晚疫病,均需用 70% 甲基托布津可湿性粉剂,或钾霜灵锰锌喷药 1 次,效果较好。如若已经出现晚疫病,用上述药每隔 7 天喷 1 次,喷 2～3 次,喷药时千万注意风向,从上风方开始喷施为宜。

6.3　服务与推广方法

定西市农试站与当地政府及农业技术推广部门紧密结合开展服务与推广。2011 年根据马铃薯黑、白膜增温效应试验研究成果,定西市农试站及时发布了"定西市 2011 年秋季最佳覆膜期预测及适宜黑、白膜覆盖的地域建议"。农业部门以定西农情的形式向定西市各县农业局、甘肃省农牧厅等单位转发。图 6.3 为 2012 年 3 月 28 日为渭源秦祁乡 4 个村农民培训"黑膜全覆盖双垄侧播马铃薯农业气象适用技术"的场景。

图 6.3　2012 年 3 月 28 日"黑膜全覆盖双垄侧播马铃薯农业气象适用技术"培训

6.4　推广效益及适用地区

　　黑膜全覆盖双垄侧播马铃薯在半干旱较高海拔地区(海拔≥2000 m)增产效益明显,2011年在定西市安定区推广 42.84 万亩,亩产 1813kg,比露地大田亩增产 76%。因保墒作用,苗期可达到全苗,生育期间由于地膜的集水保墒作用,生长普遍良好,生育关键期因海拔高,膜内温度正好适宜马铃薯结薯和块茎膨大,较露地增产 76%,在大旱之年平均亩产量达 1813 kg,淀粉含量为 16.0%。但在 1900 m 以下地域推广,由于黑膜内温度高,在 6—8 月的晴好天气,白天有 10 小时 5 cm 地温高于 30℃,7 小时 10 cm 地温高于 30℃左右,部分时段膜内 5 cm 地温可达 47℃。即结薯和块茎膨大期温度太高,导致不能结薯和块茎膨大,等天气转凉后结薯多、薯块小、品质差、不宜贮藏、商品交易率低,淀粉含量仅 13.0%。

　　适用地区:甘肃海拔≥2000 m 的干旱半干旱地区。

第7章　马铃薯农业气象试验研究

7.1　气候变暖对马铃薯生产引起的突出问题

随着全球气候变暖,夏季高温时段明显变长,各地日最高气温≥30℃的日数屡创新高,以中国马铃薯之乡的甘肃省定西市安定区为例,自1996—2017年的22年里,日最高气温≥30℃的日数是前38年的(1958—1995年平均值为2.8天)的6.6倍,其中2011年达23天,2016年达31天,分别是前38年(1958—1995年)平均值的8.3倍和11.1倍。安定区近22年夏季(6—8月)5 cm平均地温较前38年(1958—1995年)增加1.5℃,10 cm地温平均增加1.2℃。按传统播期播种的马铃薯,结薯和块茎膨大期正好处在高温时段,高温不仅影响马铃薯的结薯和块茎膨大,造成大幅减产,而且还导致品质变差、商品交易率降低等不良后果。为了探寻气候变暖下马铃薯在该地区的适宜播种期和最迟播种期限,促进全省马铃薯产业健康发展,并为其提供科技支撑和理论依据,2007年、2009年和2010年,定西市农试站进行了马铃薯分期播种试验。

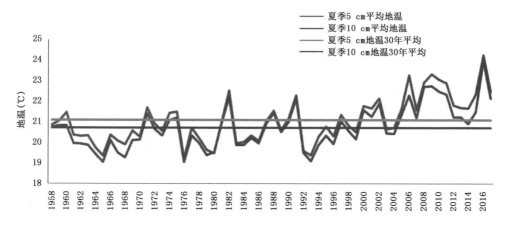

图7.1　1958—2017年定西市安定区夏季5 cm、10 cm平均地温的变化

首先研究气候变化对马铃薯生长的影响,进而通过马铃薯分期播种、不同栽培模式、不同覆膜、倒茬与重茬晚疫病对比,播前耕地、未耕地对比,黑、白膜增温效应对比,野外加密观测等试验研究,得出气候变暖背景下马铃薯的最佳播种方案,同时通过马铃薯生育期和农业气象灾害的观测、定期调查农情等建立马铃薯农业气象服务指标,为开展马铃薯产前、产中、产后全程系列服务奠定理论基础,为政府等决策部门指导用户科学种植提供参考。

7.2　播期对马铃薯生育进程的影响

播期对马铃薯生育期有着明显的调节作用。将最早播期安排在 4 月 26 日,全生育期最长,为 169 天,最晚播种(7 月 11 日)全生育期最短,为 95 天,播期每向后推迟 15 天,全生育期平均缩短 12 天。播期推迟,温度升高,出苗天数明显缩短,最早和最晚相差 17 天(表 7.1)。

表 7.1　不同播期马铃薯完成各发育期的天数

播期(月.日)	4.26	5.11	5.27	6.11	6.26	7.11
播种—出苗(天)	39	34	26	25	26	22
出苗—分枝(天)	16	14	14	10	11	10
分枝—花序形成(天)	6	6	4	4	4	4
花序形成—开花(天)	16	16	14	15	13	12
开花—可收(天)	92	84	82	71	56	47
全生育期(天)	169	154	140	125	110	95

7.3　播期对马铃薯地上干物质积累的影响

定西市农试站对不同播期下干物质随时间积累过程比较发现,7 月 11 日播期的干物质积累量最少,5 月 27 日播期的最多。随着播期的推迟,单株干物质最大积累速率出现的时间提前,这表明延迟播种加快了单株干物质量的积累进度。从最大积累速率来看,其中 5 月 27 日播期的最大,4 月 26 日播期的最小。

7.4　播期对马铃薯产量的影响

从表 7.1 可以看出,甘肃定西市马铃薯的播种期应该安排在 5 月底或 6 月初进行播种,较传统播种期推迟 20 天到 30 天。这样既避开马铃薯苗期和收获期的霜冻,又在结薯和块茎膨大期减轻甚至躲过了高温危害,马铃薯不仅产量高,而且品质优(表 7.2)。马铃薯最迟播种期限为 7 月上旬,不宜再过迟,如果过迟,后期遭受低温霜冻的风险也就越大。

表 7.2　不同播期处理马铃薯产量比较

方案	播期 (月.日)	小区产量(kg/m²)				折合产量 (kg/hm²)	位次
		I	II	III	平均		
1	4.26	110.82	113.36	110.00	111.39	22733	6
2	5.11	154.06	158.49	152.95	155.17	31667	2
3	5.27	162.78	173.97	172.85	169.87	34667	1
4	6.11	134.28	141.59	135.74	137.20	28000	3
5	6.26	125.78	129.34	127.08	127.40	26000	4
6	7.11	121.75	123.64	119.65	121.68	24833	5

7.5　播期对马铃薯淀粉的影响

　　从不同播期所对应的淀粉含量来看,播期早,淀粉含量高,播期晚,淀粉含量低,这说明推迟播期后,对淀粉含量有一定的影响。因此,马铃薯适宜播种期在 7 月没有明显高温时(表 7.3),播期不能太迟,较传统播期 5 月 1 日前后播种的时间推迟 20 天左右即可,这样可保证马铃薯生育后期淀粉积累时间长,品质好。

表 7.3　不同播期淀粉含量和受高温热害处理马铃薯产量比较

方案	播期 (月.日)	5 cm 受害积温 (℃·d)	淀粉含量 (%)
1	4.26	449	16.9
2	5.11	424	16.3
3	5.27	371	16.0
4	6.11	205	15.7
5	6.26	0	15.2
6	7.11	0	14.6

7.6　倒茬和未倒茬马铃薯晚疫病对比试验

　　试验分 3 种方案:(1)试验地选用前茬为马铃薯的地块;(2)试验地选用前茬为马铃薯的地块,但在当年马铃薯播种前种植了早熟豌豆(当年倒茬)(图 7.2);(3)试验地选用前茬为豌豆的地块(翌年倒茬)。

图 7.2　马铃薯播前种植豌豆进行当年倒茬试验研究

　　试验表明,马铃薯不宜连作,否则晚疫病、腐烂病严重(表 7.4)。茄科作物与马铃薯有相同的病害也不宜连作,一般轮作至少 3 年以上才能有效地防治上述病害的发生。据定西农试站试验,重茬连作的马铃薯因晚疫病亩产仅 316 kg。如果要连作,最好在马铃薯适宜播种前种植早熟豌豆,这样一方面实现了倒茬,另一方面豌豆的根瘤菌的固氮作用达到土壤的培肥效果。

表 7.4　重茬、当年倒茬和翌年倒茬的马铃薯淀粉含量和产量比较

试验方案	重茬	当年倒茬	翌年倒茬
发病时间(月．日)	8.26	8.28	9.2
发病程度(轻、中、重)	重	中	轻
单株薯块重(g)	68.14	80.36	308.8
产量(g/m²)	474.0	559.3	1987.5

7.7　黑、白膜全覆盖双垄侧播马铃薯增温效应试验

　　从图 7.3 和图 7.4 可以看出,无论是黑膜还是白膜,晴好天气下,5 cm 地温每天有 10 小时左右超过 30℃,最高可达 47℃,如此高的地温马铃薯难以结薯和进行块茎膨大,因此,海拔 1900 m 以下地域种植黑膜全覆盖双垄侧播马铃薯结薯和块茎膨大期基本停止生育进程,在 9 月气候凉爽时才开始结薯和块茎膨大。表 7.5 为不同覆膜情况马铃薯产量及淀粉含量变化。

　　从表 7.5 可以看出,40 株样本马铃薯中,白膜的屑薯最多,未覆膜的最少。从 1 m² 实收的马铃薯产量来看,黑膜的产量最高,较白膜高 50%,较未覆膜的大田马铃薯高 97%。从淀粉含量来看,未覆膜的最高,其次是黑膜的,白膜淀粉含量最低。综上所述,马铃薯是喜凉作物,由于黑膜不透光,膜下温度较白膜低,马铃薯产量较白膜高,但无论是覆黑膜还是覆白膜,马铃薯产量均较未覆膜的高。这就说明在海拔 1900 m 以上的半干旱地区,覆黑膜种马铃薯较覆白膜要更为有利。

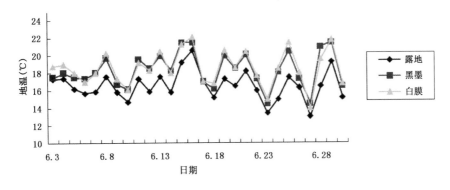

图 7.3　08 时黑、白膜及大田 5 cm 地温变化

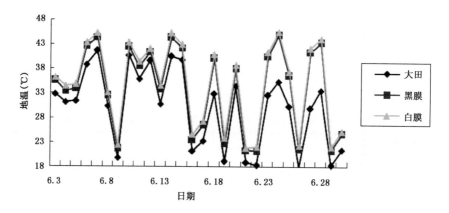

图 7.4　14 时黑、白膜及大田 5 cm 地温变化

表 7.5　黑、白膜和未覆膜马铃薯产量及淀粉含量

方案	40 株屑薯重（g）	40 株总重（g）	单株薯块重（g）	实收产量（g/ m²）	淀粉含量（%）
黑膜	58	7400	185	1725.0	13.2
白膜	92.8	5700	142.5	1150.0	12.7
未覆膜	35	5300	132.5	875.0	14.4

7.8　黑膜全覆盖双垄侧播马铃薯的集雨保墒特征

　　根据马铃薯既怕旱又怕涝的特点,试验设计将马铃薯种植在黑膜全覆盖双垄侧的大垄侧,从 0～50 cm 墒情测定结果看,膜侧雨后集雨增墒效果显著,当降雨 8 mm 时,膜侧 0～50 cm 平均土壤相对湿度较大田高 10 个百分点(图 7.5),但较垄沟低 5 个百分点;当降雨量为 25 mm 时,0～50 cm 平均土壤相对湿度膜侧较大田高 24 个百分点(图 7.6),垄沟较大田高 27 个百分点。对于半干旱地区来说,覆膜的保墒集雨效应首先保证了全苗。

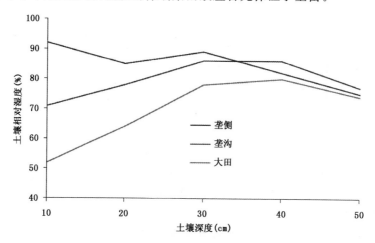

图 7.5　降水 8 mm 时黑膜全覆盖垄侧、垄沟和大田 0～50 cm 土壤相对湿度

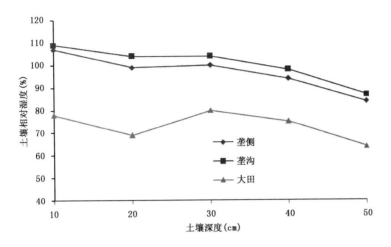

图 7.6　降水 25 mm 时黑膜全覆盖垄侧、垄沟和大田 0～50 cm 土壤相对湿度

7.9　不同气候年型秋覆膜土壤墒情对比试验

掌握覆膜时间非常关键,不同年型、不同地域覆膜时间不同。当秋季干旱时,土壤无墒可保,如 2010 年秋季 0～1 m 的膜内外墒情相差不大,2012 年 2 月 25 日在定西市安定区所测 0～1 m 深的秋覆膜和露地大田土壤相对湿度看,整层平均土壤相对湿度覆膜较大田高 1 个百分点,均处于重旱状态,只是由于膜内浅层温度高,土壤水分热运动使得水分子聚集至 0～40 cm 处,该层土壤相对湿度较大田高 3～10 个百分点,深层 60～90 cm 土壤相对湿度地膜较大田低 1～4 个百分点(图 7.7)。因此,秋季干旱时建议不进行秋覆膜原因有 3 个:一是无墒可保;二是若春季遇大风揭膜后还需重新覆膜,这样浪费人力物力;三是覆膜后温度高于露地,易于让病虫害越冬。

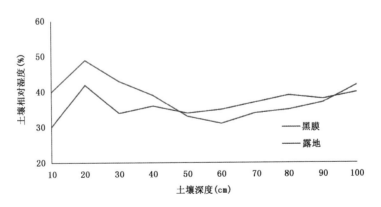

图 7.7　2012 年 2 月 25 日黑膜和露地土壤湿度比较图

当秋季降水多,0～50 cm 平均土壤相对湿度≥50％或日降水量>8 mm 过程结束后,及时覆膜,有利于保墒。

7.10　马铃薯播前耕地与未耕地发育期和产量、淀粉含量的对比试验

耕地有深耕和浅耕之分,浅耕多用于灭茬,有防止土壤水分蒸发、接纳降雨等作用。深耕能使土壤最大持水位下移,增强蓄水保墒能力,增强土壤透气性,加强有益微生物活动,提高土壤的有效养分含量;促进马铃薯根量增加,根系下扎,加强对水分和养分的吸收。对于半干旱地区来说,当春旱严重时,为了保证马铃薯全苗,应在夏粮收获后,及时进行伏耕、深耕,秋季浅耕耙耱,蓄墒保墒,并在播前一定要翻耕,为马铃薯出苗和块茎膨大创造通气、松软、舒适的土壤环境,亩增产可达 23%(表 7.6、表 7.7)。

表 7.6　马铃薯播前翻耕和未翻耕发育期比较(月.日)

方案	播种	出苗	分枝	花序形成	开花	可收
播前翻耕	6.13	7.10	7.24	7.30	8.12	10.24
未翻耕	6.13	7.12	7.24	7.30	8.12	10.24

表 7.7　马铃薯播前翻耕和未翻耕的产量和淀粉含量的比较

方案	密度 (株数/m²)	屑薯率 (%)	单株薯块重 (g)	产量 (g/m²)	淀粉含量 (%)
播前翻耕	5.69	1	258.8	1755.0	16.1
未翻耕	5.41	2	146.3	1425.0	16.0

由表 7.6 可以看出,马铃薯播前翻耕和未翻耕的各个发育期无显著差异,翻耕效应没有体现出来。从表 7.7 可以看出,马铃薯播前翻耕和未翻耕后马铃薯产量因素有明显的差异,其中 1 m² 株数播前翻耕的较未翻耕的多 0.28 株,1 hm² 多 2800 株;单株薯块重多 112.5 g,1 hm² 多 315 kg;播前翻耕的马铃薯较未翻耕的淀粉含量略高,说明品质也略好一些。因此,对于马铃薯等块茎类作物,块茎膨大时需要疏松的土壤环境利于其膨大,播前翻耕与否,因作物而宜。

7.11　温棚内不同区位马铃薯冠层温度对比观测

定西市是全国最大的马铃薯脱毒种薯繁育基地,其中安定区等地 95% 以上的温棚全年大部分时间进行马铃薯脱毒种薯快速繁育栽培。温棚马铃薯脱毒种薯繁育在 2008 年后开始大面积栽培,棚内马铃薯脱毒种薯生育过程中的光、温、水农业气象指标不像温棚黄瓜、茄子、西红柿等蔬菜或瓜果已有成型的指标,为了给温棚内马铃薯脱毒苗提供优质的气象保障服务,定西市农试站采用通风干湿表观测棚内温、湿度,建立脱毒马铃薯在棚内适宜生长发育的温湿指标、受冻防御指标、受冻死亡指标和晚疫病发生发展指标等,针对不同的指标提出不同的防御措施,切实为棚内种植马铃薯脱毒苗的农户提供气象保障服务。

马铃薯脱毒种薯繁育,一般包括脱毒苗组培快速繁育、微型原原种生产、原种生产、一级良种生产和二级良种生产。由于脱毒苗的获得、病毒检测以及脱毒苗组培快繁、微型原原种生产技术性非常强,当马铃薯脱毒苗移栽到温棚后进行原原种生产,对棚内、外环境条件要求非常严格,一场寒潮降温对防治措施不当的温棚会给马铃薯造成重大损失,因此,观测、调查温棚马

铃薯温、湿度等气象要素非常必要,2011 年以来,定西农试站开展了相关人工观测和仪器观测,获取了大量的数据。

对比观测时段:在早晨温棚未揭帘到下午温棚盖帘时进行。选择在晴、多云和阴 3 种不同的天气状况下,观测棚的南端(离南侧边缘 2 m)、棚中和棚北,同时增加了温棚内 5 cm 地温的测定,获取了大量的宝贵资料。

实测资料显示,一是马铃薯冠层温度,棚南较棚中高 0.6℃,棚中较棚北高 0.5℃(棚内不同区位因温度不同导致生长状况不同,见图 7.8)。掌握此规律后,根据棚内不同区位的温度情况,当有降温时,注意加大对棚北的保护措施;二是从温棚内测定的 5 cm 地温来看,冬季 1 月一般上午较露地高 14~18℃,下午温棚内外温差缩小,一般高 8~9℃;三是从温棚内实测的空气相对湿度资料看,棚内高温、高湿,平均相对湿度大于 93%,是马铃薯晚疫病发生的最适宜湿度,因此,温棚马铃薯晚疫病要时时预防,一周喷药一次,配合浇水后的当天进行喷药,防御马铃薯晚疫病的效果更好;四是通过对温棚马铃薯冻害监测,确定了温棚马铃薯冻死、防御和受害的指标分别为:棚外最低气温为 −23℃,最低气温≤−20.0℃的负积温≤−88 ℃·d 为温棚马铃薯脱毒种薯的冻死指标,受害程度为重级;棚

图 7.8　人工测量棚内温度

外最低气温为 −21~−22℃时,棚内马铃薯叶片受害较为严重,减产 3 成以上,为温棚马铃薯受冻害程度中级;棚外最低气温达到 −20℃时,棚内马铃薯停止生长,为防御指标,受冻害程度为轻级。通过对温棚内马铃薯冠层温度、湿度、地温的观测,定西市农试站基本掌握了温棚马铃薯生长发育与农业气象条件的关系,利用棚内温度与外界气温的相关关系建立温棚内温度预报模型如下:

$$Y = 37 + 1.97X \tag{7.1}$$

式中,Y 为温棚内马铃薯冠层温度,X 为外界气温。模型通过显著性检验,最大误差≤2.2℃。定西农试站利用预测模型来预估温棚马铃薯的冻害(热害)风险,规避或减轻了温棚马铃薯生产中的气象灾害,为棚内安全种植马铃薯脱毒苗的农户提供气象保障服务。

7.12　马铃薯叶面积校正系数测定

马铃薯由于叶片多且规则程度较差等原因,尚未有简便易行的类似于小麦等作物的叶面积校正系数,造成了马铃薯叶面积指数测定实际操作时难度及误差较大。试验研究,通过对马铃薯叶面积 3 种不同测定方法的校正系数:长宽积法叶面积校正系数 K 为 0.75,该方法简单易行、便于推广;机械式求积仪叶面积测量结果为实际面积的 92%,仪器操作过程烦琐,不便

使用;SHY-150 型扫描式活体面积仪测量值为实际面积的 71%,价格昂贵,加之对使用人员业务素质要求较高,影响普遍使用。

绿色叶片是作物进行光合作用的主要器官,它的面积的大小直接影响作物的受光,是作物群体结构合理性的重要标志之一,又是决定生物量和产量的关键因子。建立方便、准确的叶面积测定方法,对于现代化农业生产及估算植被净初级生产力、遥感技术测量叶面积指数及作物估产等都具有重要意义。

选取 196 片完整叶片,测得每片叶子的长(L_i)与宽(D_i),并作乘积,按测量算其计算纸面积,长乘宽面积与计算纸面积一一对应。从表 7.8 可以看出,其长乘宽面积与计算纸测定值序列对应都比较整齐,也就是说,可以通过其比值得到适用的校正系数。

$$K = \frac{1}{n} \sum_{i=1}^{n} \frac{s_i}{L_i \times D_i} \tag{7.2}$$

式中,n 为叶片数,L_i 为叶片长,D_i 为叶片最宽处的宽度,s_i 为用计算纸测得的面积。

表 7.8 用不同方法测定马铃薯叶面积订正系数的比较

序号	实测面积(cm²)				订正系数计算值与计算纸差值(cm²)			订正系数(K)		
	长乘宽	求积仪	叶面积仪	计算纸值	长乘宽	求积仪	叶面积仪	长乘宽法	求积仪法	叶面积仪法
1	1.7	2.1	1	1.4	−0.1	0.9	0.0	0.82	0.67	1.40
2	5.6	4.3	3.2	4.1	0.2	0.6	0.4	0.75	0.95	1.28
3	7.6	4.8	3.6	5.5	0.3	−0.3	−0.5	0.72	1.15	1.53
4	8.8	6.4	6.2	7.1	−0.4	−0.1	1.6	0.81	1.11	0.15
5	14.1	8.5	7.1	9	1.7	0.3	0.9	0.64	1.06	1.27
6	14.0	9.3	8.9	11	−0.4	−0.9	1.5	0.79	1.18	1.24
7	17.5	11.5	8.4	12.7	0.6	−0.2	−0.9	0.73	1.10	1.51
8	19.2	14.4	11.6	15.2	−0.6	0.5	1.0	0.79	1.06	1.31
9	26.7	15.5	14.8	18.3	2.0	−1.4	2.4	0.69	1.18	1.24
10	25.8	18.2	13.3	20.6	−1.0	−0.8	−2.0	0.80	1.13	1.55
11	38.8	25.5	20.4	28.9	0.6	−1.1	−0.3	0.75	1.13	1.42
最小				1.4	−1.0	−1.4	−2.0	0.64	0.67	1.15
最大				28.9	2.0	0.9	2.4	0.82	1.18	1.55
平均				12.2	0.2	−0.2	0.4	0.75	1.07	1.35
变异系数								7.5	13.8	10.1

通过大量复杂的测定计算,定西市农试站用长乘宽面积法求得了马铃薯叶面积校正系数为 0.75(表 7.8、表 7.9)。由于本试验选取马铃薯样本叶片大小不同且贯穿了各主要发育时段,因此试验结果较为稳定,普适性较高,可以使一般农业气象试验站或科研单位采用简便易行的长乘宽法测定马铃薯叶面积。

据定西市农业气象试验站 2007 年对马铃薯分枝后每旬逢 3 日、5 日、8 日、10 日进行叶面积的加密观测得知,马铃薯叶面积指数由分枝的 0.2 增加到开花期的 1.2,最大至淀粉积累期的 2.3,到可收期,由于部分叶片干枯,叶面积指数又降为 0.9。

表 7.9　2008 年马铃薯叶面积和高度的加密观测值

测定日期	叶面积总和 （cm²）	单株叶面积 （cm²）	1 m² 叶面积 （cm²）	叶面积指数	高度 （cm）
7 月 26	1404.5	351.1	2889.6	0.3	16
7 月 28	1695.2	423.8	3487.9	0.3	17
8 月 3	3465.3	866.3	7129.6	0.7	21
8 月 8	4172.3	1043.1	8584.7	0.9	25
8 月 13	4874.7	1218.7	10029.9	1.0	28
8 月 18	7698.6	1924.7	15840.3	1.6	32
8 月 23	10139.9	2535.0	20863.1	2.1	37
8 月 28	14205.7	3551.4	29228.0	2.9	40
9 月 3	15432.2	3858.1	31752.2	3.2	45
9 月 8	17733.9	4433.5	36487.7	3.6	47
9 月 13	19564.1	4891.0	40252.9	4.0	48
9 月 18	21453.4	5363.3	44140.0	4.4	48
9 月 23	22838.3	5709.6	46990.0	4.7	48
9 月 28	23484.0	5871.0	48318.3	4.8	49
10 月 3	20300.4	5075.1	41768.1	4.2	49
10 月 8	17897.4	4474.4	36824.3	3.7	49
10 月 13	14026.9	3506.7	28860.1	2.9	49
10 月 18	9395.1	2348.8	19330.6	1.9	49
植株密度	8.23				
订正系数	0.75				

7.13　马铃薯田块降水量与渗透深度的关系

旱作马铃薯的水分供应主要来源于土壤水分。因此,了解降水与马铃薯农田土壤水分的依存关系是非常重要的。而对于半干旱地区来说,水资源匮乏,马铃薯生育期间干旱时有发生,分析和研究马铃薯农田降水和渗透深度之间关系,掌握马铃薯的旱情是否解除和解除的范围,为政府决策部门指导马铃薯生产,科学防旱抗旱或出现暴洪时进行灾情评估具有现实意义。

降水性质与土壤水分的关系也至关重要,降水渗入土壤中的多少,主要决定于降水量、降水强度和性质。一般来说,降水量大,渗入土壤中的水分多。强度大的降水或者阵性降水因易造成地面径流,渗入土壤中的水分就少,而强度小的连续性降水,有利于土壤水分下渗和贮存。

不同质地的土壤其降水渗透能力不同。沙土粗松,渗水强,但蓄水差;黏土紧实,蓄水较强,但渗水差;黏壤土既渗水,又蓄水。

半干旱地区地下水位低,土层深厚,土壤质地多为黏壤土,地形是较为平坦的梯田,连续性降水地表径流小,土壤入渗好。以定西市安定区为例,降水量与土壤渗透深度的曲线基本呈相同趋势(图 7.10)。在降水量基本相同的情况下,连续性降雨时间越长,渗透深度越深,降水时间短,强度大,易形成径流,渗透深度显著减小。

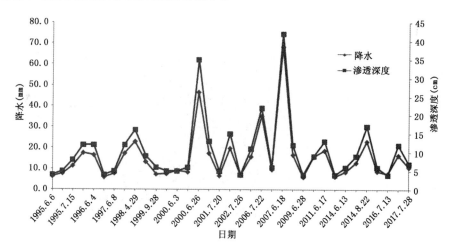

图 7.10　降水与渗透深度实测值

降水与渗透深度之间的关系为:
$$Y=0.73X-0.41(黏壤土) \tag{7.3}$$
式中,Y 为渗透深度,X 为降水量。

降水与渗透深度的关系不仅与降水量有关,而且与土壤质地、降水强度及下渗时间有关,当降水强度较大且降水性质为阵雨时,降水与渗透深度之间的关系变为:
$$Y=0.61X-0.41 \tag{7.4}$$
2012 年 6 月 22 日安定区出现雷阵雨天气,约 1.5 小时降水量 25 mm,实测渗透深度为 15 cm,模拟计算值为 14.8 cm。当降水为阵性强度很大时,用渗透深度反算降水量:
$$X=1.64Y+0.67 \tag{7.5}$$
式中,X 为降水量,Y 为渗透深度。

当过程降水量大于 20 mm 时,降水渗透深度测量后 6 小时渗透深度可增加 3 cm。

在干旱季节,测定降水渗透深度对了解旱情解除程度和分析土壤水分很有意义。同时掌握了降水与渗透深度的关系,也可以通过降水渗透深度反算降水量。目前,尽管在全国已有许多降水、温度两要素的区域,但仍然达不到精细化服务的要求。因此,为了进一步做好精准气象服务,需要更加深入理解降水与马铃薯农田土壤水分的依存关系。当降水强度大、径流量大时,降水与土壤渗透的关系一定需要考虑径流量。

7.14　马铃薯结薯过程和生长量变化

通过对马铃薯分枝后茎、叶鲜重和块茎鲜重的对比观测结果分析,发现马铃薯自进入开花期后结薯,在茎叶生长出现高峰以前,块茎与茎叶鲜重的增长呈正相关,当茎叶生长高峰出现后,茎叶生长逐渐减慢而停止,而块茎鲜重迅速增加,薯块每天增长速度快(图 7.11),据 2007 年实测资料显示,每天平均单株增长量为 17.8 g,即每亩平均每天增加产量 62.3 kg,迟收半月,亩产量将增加 934 kg。所以,初霜早晚对马铃薯的后期产量与淀粉含量影响非常大。

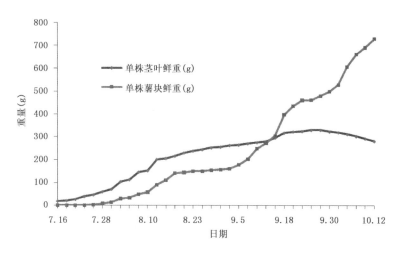

图 7.11　马铃薯分枝后茎、叶鲜重和块茎鲜重的对比观测

7.15　不同生物降解膜与普通膜的对比试验

7.15.1　试验的目的意义

地膜覆盖解决了旱作农业增产问题,同时也造成了大量的生态环境问题。

生物降解膜最终降解产物为二氧化碳、水和腐殖质,且具有传统地膜的所有优点。为减少环境污染,保护农村生态环境,定西市气象局 2017 年开展了不同生物降解膜覆盖与传统地膜覆盖在马铃薯上的抗旱保墒试验(图 7.12),旨在筛选出适合定西乃至全国半干旱地区马铃薯的最佳生物降解膜类型及根据不同气候年型要求生物降解膜生产厂家生产出适合的生物降解膜等。

图 7.12　不同生物降解膜和普通膜覆盖后种植马铃薯的对比试验

7.15.2　试验区的基本情况

试验点选在中国气象局兰州干旱气象研究所定西干旱气象与生态环境试验基地(104°37′E,35°35′N,海拔 1896.7 m),试验区地处欧亚大陆腹地,属黄土高原半干旱区,大陆性季风气候明显,其特点是光能较多,热量资源不足,雨热同季,降水少且变率大,气候干燥,气象灾害频繁。

7.15.3　试验方案

试验于 2017 年进行,选用甘肃梓雨生物科技有限公司生产的 C♯、9♯、20♯3 种生物降解膜,膜宽 140 cm、厚度 0.014 mm,普通地膜宽 140 cm、厚度 0.01 mm,未覆膜对照。各试验面积 225m²,品种为当地普遍种植的马铃薯优良品种新大坪,各试验区施肥量相同,穴播,株距 40 cm、行距 60 cm,每带种植 2 行,每行种植 156 株,每个小区共种 936 株。每个小区安装了自动土壤水分仪,同时,进行了人工土壤墒情测定。

7.15.4　结果与分析

不同生物降解膜、普通膜和未覆膜大田对照的生育期、土壤湿度、产量、淀粉含量等试验资料见表 7.10、表 7.11、表 7.12。

表 7.10　不同降解膜、普通膜、未覆膜马铃薯发育期比较(月.日)

方案	播种	出苗	分枝	花序形成	开花	可收
C♯	5.27	6.14	6.26	7.2	7.26	10.12
9♯	5.27	6.14	6.26	7.2	7.26	10.12
20♯	5.27	6.14	6.26	7.2	7.26	10.12
普通膜	5.27	6.14	6.26	7.2	7.26	10.12
未覆膜大田	5.27	6.25	7.10	7.15	8.22	10.12

从表 7.10 中可以看出,降解膜与普通膜的马铃薯发育期一致,由于增温保墒作用,发育进程比未覆膜的大田马铃薯较快,其中出苗期较大田早 11 天,分枝期早 14 天,由于花絮形成后,遭遇高温干旱,地膜马铃薯和大田马铃薯生育进程基本停止,开花后很快花蕾脱落,而大田马铃薯开花期推迟至 8 月 22 日,马铃薯可收期都为 10 月 12 日,这是因为 2017 年 10 月 10 日出现初霜冻,最低气温－1.1℃,无论是地膜马铃薯,还是未覆膜的大田马铃薯,无一幸免,全部冻死。

表 7.11　不同降解膜、普通膜和未覆膜马铃薯的 0～50 cm 平均土壤相对湿度比较

方案	5 月 27 日 (%)	7 月 22 日 (%)	7 月 26 日 (%)	10 月 26 日 (%)
C♯	59	44	46	79
9♯	59	44	44	81
20♯	59	37	42	74
普通膜	59	45	44	70
未覆膜大田	63	38	37	63

从表 7.11 可以看出,生物降解膜和普通膜一样,均有保墒效果,且降解膜的保墒效果更加明显,但在干旱季节,无论是降解膜,还是普通膜,由于生育关键期提前,马铃薯消耗水分多,保墒效果不明显。

表 7.12　不同降解膜、普通膜、未覆膜马铃薯(新大坪)产量、淀粉含量比较

方案	40 株总产量 (kg)	亩产量 (kg)	淀粉含量 (%)
C♯	20.70	1434.15	15.3
9♯	19.65	1362.44	16.7
20♯	18.70	1296.66	16.3
普通膜	18.60	1289.55	15.8
未覆膜大田	11.80	818.41	15.6

2017 年,甘肃省定西市在马铃薯生育关键期遭遇严重的高温干旱,其中试验地出现了日最高气温≥30℃日数为 18 天,是历年平均值的 6 倍。降水特少,其中 7 月较历年同期偏少 68%,高温干旱导致马铃薯减产严重。从表 7.12 可以看出,生物降解膜普遍有保墒、保温的作用,增产效果明显,C♯生物降解膜产量最高,较未覆膜的大田马铃薯亩增产 75%,9♯生物降解膜较未覆膜的大田马铃薯亩增产 66%,20♯生物降解膜较未覆膜的大田马铃薯亩增产 58%,普通膜较未覆膜的大田马铃薯亩增产 58%。从淀粉含量来看,9♯生物降解膜淀粉含量最高,为 16.7%,20♯为 16.3%,产量最高的 C♯淀粉含量为 15.3%,接近未覆膜的大田马铃薯 15.8%。

从降解时间来看,20♯生物降解膜从 2017 年 7 月 12 日开始有部分破裂,其余两种降解膜降解时间均在收获后逐渐碎化,直至 2018 年 6 月降解膜分解变为碎块,而普通膜一直完好。

7.15.5　讨论与结论

本试验基于不同生物降解膜与普通膜的保墒、增产效果对比试验,通过试验观测,获取了黄土高原半干旱区不同生物降解膜和普通膜马铃薯生育期、产量、高温干旱受害、连阴雨灾害、初霜冻等翔实资料。从对比试验的土壤相对湿度和产量、淀粉含量资料分析看,降解膜和普通膜一样有保墒增产效果;生物降解膜有的降解的早、有的晚,根据这一特点,不同的气候年型选择不同的降解膜:半干旱地区,秋季雨多的年份,马铃薯后期生长中不需要保墒,因覆膜而造成土壤湿度大而烂薯,选用降解时间早的 20♯生物降解膜为宜;若半干旱地区夏秋季降水正常或偏少,那一定要选择降解迟的生物降解膜,可以保证后期马铃薯生育过程中不受干旱影响。

要使马铃薯增产同时兼顾环保,生物降解膜生产厂家、农业部门和气象部门应共同研判,针对不同地域、不同气候,选择最适宜的生物降解膜,不能盲目推广。

第8章　马铃薯农业气象知识问答

1. 马铃薯什么时候种植最适宜？

马铃薯什么时候种植最适宜呢？甘肃大多数地方,马铃薯实行春播,传统播期是当土壤10 cm温度稳定在8℃以上时即开始播种,甘肃省定西市一般在4月中下旬至5月初。但这种传统播种期在气候变暖的今天,正好使大部地方的马铃薯的结薯和块茎膨大期处在高温时段。

定西市农试站通过马铃薯分期播种试验测得,若当年预测7—8月有可能日最高气温≥30℃的连续日数超过3天,在定西市安定区约1900m地域的马铃薯适宜播期较传统播期5月1日推迟20天到30天,产量和品质得到了显著的提高,但如何应用到甘肃其他地方呢？定西市农试站研究建立了马铃薯适宜播种期预测模型,每年马铃薯的适宜播种期在按模型计算后,还需结合当年短期气候预测和土壤墒情进行调整,综合分析后才为发布的马铃薯适宜播种期预测产品。

古人曰:"顺天时,量地利,用力少而成功多,任情返道,劳而无获。"这就告诉我们顺应天时,尊重气候规律,才能够获得较大的成功。毛泽东同志在《论持久战》中强调,凡事预则立,不预则废。马铃薯适宜播种期一定要根据当年的气候预测,将马铃薯的结薯和块茎膨大期躲开高温,使马铃薯生育期内所遇到的灾情最少,损失最低。

2. 什么时候覆膜最适宜？

掌握覆膜时间非常关键,不同的年型、不同的地域覆膜时间不同。秋季降水多的年份,一般要根据短期气候预测,在10月份出现最后一场≥8 mm的降水后即进行覆膜较为适宜。

当秋季干旱时,0～50 cm土壤相对湿度小于45％,覆膜后也因土壤水分差无墒可保。因此,秋季干旱时建议不进行秋覆膜。原因有三:一是无墒可保;二是若遇大风揭膜后还需重新覆膜,这样浪费人力物力;三是覆膜后温度高于露地,易于让病虫害越冬。

覆膜要根据当年的秋季天气气候情况而定,秋季降水多的年份,秋季覆膜保墒效果好,秋季若干旱,就推迟至第二年春季(冬季降雪多)进行顶凌覆膜或播前覆膜。

3. 气候变暖后甘肃马铃薯适宜播期和最迟播期是什么时候？

马铃薯的播种期因各地气候条件及栽培制度而不同。但在确定播种适宜期时,应注意以下三条原则:第一,确定播期必须考虑结薯期避过高温影响;第二,保证一次全苗,出苗后不遭受晚霜冻害,并能在初霜前成熟;第三,根据品种特性,早熟品种较晚熟品种适当早播,催芽处理的种薯较未催芽的晚播。甘肃大多数地方实行春播,河西、陇东、中部及洮岷高寒区实行传统播期,一般在4月中下旬播种,陇南一般在2月下旬播种。但气候变暖后,定西市农业气象试验站进行了分期播种试验和最迟保障期限试验,结果显示,气候变暖后,定西大部地区马铃薯的播种期应该安排在5月底或6月初进行播种,较传统播种期推迟20天到30天。这样既避开马铃薯苗期和收获期的霜冻,又在结薯和块茎膨大期减轻甚至躲过高温危害,马铃薯不仅产量高,而且品质优。据定西农试站试验,马铃薯最迟播种期为 7 月上旬,≥0℃所需积温 1550℃·d,再不宜过迟,如果太迟,马铃薯生育期短,淀粉含量少,薯块中水分含量高,口味 差,易腐烂,不宜贮藏且后期遭受低温霜冻的风险也大。

定西市农试站通过对甘肃省各地的气候进行分析发现,气候变暖后,全省马铃薯的播种期 必须调整。中部二阴地区一般为 4 月中旬左右,河西、陇东等地,为躲避马铃薯结薯期和块茎 膨大期的高温,一般以 6 月中下旬为宜;以定西市安定区为代表的中部干旱区一般为 5 月下旬 到 6 月上旬,调整后的马铃薯使苗期躲开晚霜,迎上雨季,保证全苗,同时让结薯和块茎膨大期 避开高温热害,达到稳产高产。

4. 马铃薯种薯选大的好还是选小的好?

马铃薯属茄科、茄属,一年生草本植物。大田种 植多采用块茎繁殖(无性繁殖),一般多为切块直播 (图 8.1)。据试验,薯块大的种薯明显比薯块小的生 长旺盛,产量高。因为薯块太小,水分和养分不足,也 不耐旱,尤其是干旱年份小薯块很快因旱失去生命活 力,造成田间缺苗断垄。半干旱区播种时若土壤相对 湿度在 60% 左右,种薯块在 30～40 g,若土壤相对湿 度在 50% 以下,并预测有干旱发生时,种薯块要在 50 ～70 g。

图 8.1　切薯获得马铃薯种薯

切薯时,若遇到病烂薯一定要将切刀消毒,可用 3% 的来苏尔将菜刀浸泡 5～10 分钟,也可用 0.1% 高锰酸钾水浸泡切刀消毒。切块在播种前 的 1 天进行,切得太早,薯块的水分容易蒸发,切得太晚,因切口的地方来不及形成皮层,种在 地里容易烂掉。切后用草木灰(草木灰有杀菌消毒的作用)拌种,晾干后再播,使伤口愈合减少 腐烂,兼有种肥的效果。

5. 马铃薯种植密度多少最合适?

马铃薯种植密度的不同,除影响农田辐射收支、乱流交换、蒸散等外,不同密度的马铃薯农 田株间风速也不同,若密度增加,则风速减小。要提高马铃薯的单位面积产量,一是要适当增 加单位面积株数,发展群体;二是培育健壮高产的单株,发展个体。合理密植,不仅能增产,而 且能增加土壤覆盖度,降低田间温度,减轻退化。一般植株低矮、分枝少、结薯集中的早熟或中 熟品种宜密,每亩 4000～5000 株;植株高大、分枝多、茎叶繁茂、结薯分散的晚熟品种宜稀,每 亩 3500～4000 株。阴湿地区、土壤肥力高的地块宜稀,以免徒长。干旱年份宜稀,每亩 2500 ～2700 株。黑膜全覆盖双垄侧播马铃薯密度正常年型亩株数为 3500～4000 株,干旱年份亩 株数为 3300 株左右。

6. 为什么马铃薯只长蔓不结薯?

(1)结薯期和块茎膨大期遇到高温。马铃薯的结薯需要适宜的土壤水分、肥料、充足的光 照和较低的温度。其中结薯和温度最为密切,结薯的适宜温度是 16～18℃,当温度超过 25℃ 时即停止结薯和块茎膨大,而茎叶生长的温度是 15～25℃,这时光合作用所制造的养分全部 用于匍匐茎和茎叶的生长上,从而造成茎叶徒长,超过 39℃停止生长,出现只长蔓不结薯的情 况(图 8.2)。

（2）氮肥施用过多。如开花期每亩追施 50～60 kg 尿素，就很可能会导致茎叶徒长、倒伏，以致不结薯或结薯很少。土壤中氮肥过多，镁肥不足，或氮、磷、钾肥比例失调等，也有可能造成徒长而不结薯。

（3）密度过大。在肥沃的土地上种植马铃薯，如果密度过大，出苗后，植株为了争光，都向上生长，造成相互荫蔽，光照不足，植株纤细，光合作用弱，而呼吸作用消耗的养料多，没有或仅有很少的养分输送到块茎中积累，造成结薯少或不结薯。

图 8.2　只长蔓不结薯的马铃薯

（4）结薯期遭遇严重干旱。结薯期是马铃薯需水较多的时期，若遭遇持续干旱，马铃薯田块只见薯蔓不见薯块或薯块很小。图 8.3 为 2016 年安定区凤翔镇寇下庄马铃薯遭遇高温干旱后块茎停止生长，薯块很小。

7. 马铃薯为何会长瘤（畸形薯）？

我们平常吃的马铃薯是它的块茎。当马铃薯播种后，大约 1 个月后会发芽出苗，之后马铃薯进入营养生长阶段，慢慢形成花序，马铃薯的地下部分便会出现一种横生的匍匐茎，匍匐茎的尖端会慢慢膨大起来，长着长着，变形成了块茎。起初块茎上还有叶子，不久就脱落掉，只留下叶痕，称为芽眉，芽眉里面就包含着芽眼。形成块茎的最适宜的土壤温度是 16～

图 8.3　2016 年安定区凤翔镇寇下庄马铃薯遭遇高温干旱后块茎停止生长，薯块很小

18℃，如果土壤温度升到 25℃，光合作用将剧烈降低，茎叶和块茎生长严重受阻，若土壤温度达 30℃时，块茎的呼吸作用便十分强烈，以致积累的养分都消耗掉，于是块茎周皮组织木栓化并完全停止膨大生长。但遇降雨或灌水，天气转凉，植株将恢复生长，地上部的有机养分继续向块茎输送，而木栓化了的周皮组织限制了块茎的增长，只有块茎组织和幼嫩的部分继续生长，从而形成了各种畸形薯（图 8.4），降低了马铃薯的产量和品质，同时也降低了商品交易率。

图 8.4　各种畸形薯

据测定，原生薯的淀粉含量和其生长在它周边的新生薯淀粉含量相差 3～5 个百分点，新生薯的淀粉含量较原生薯的淀粉含量减少 23%。

8. 马铃薯为什么会发青，发芽的马铃薯能吃吗？

马铃薯贮藏在窖库里，常常会发绿变青，以至长出绿旺旺的嫩芽来。有时，马铃薯在结薯到块茎膨大期,若培土培得不够高也会变绿;地窖里漏进阳光,也会使马铃薯发绿变青。

别的东西发了芽不要紧,还可以吃,但是发青发芽的马铃薯不能吃,吃了会使人呕吐、发冷,造成中毒。这是因为马铃薯在发芽时,产生了一种剧毒的物质"龙葵碱",人吃了就会中毒。因此,发芽的马铃薯不能吃。据试验,在室内自然光照条件下,马铃薯放置 20 天后完全变绿(图 8.5)。因此,为防止马铃薯变绿,可采用不透光的黑色食品袋保存较好。

图 8.5　马铃薯采挖后变青(见彩图)

9. 马铃薯的退化与高温有什么关系? 怎样防止退化?

马铃薯喜凉爽的天气,生长期间昼夜平均温度以不超过 17~18℃最为有利。各生育期对温度的要求是不同的。在结薯和块茎膨大期最适宜的土壤温度为 16~18℃,当达到 29℃高温时,由于呼吸作用旺盛,养分消耗过多而无法累积,块茎膨大停止,其中尤以夜间的温度危害更甚。结薯和块茎膨大期的高温,不仅影响马铃薯的正常生长发育,而且还容易引起退化。

在我国南方的广大平原地区,由于夏季温度太高,马铃薯退化现象明显。退化的马铃薯植株矮小,茎蔓细弱,叶小皱缩,块茎缩小,食味变劣。

据研究认为,块茎带病是内因,通过高温环境的作用而发生退化是结果。也就是说,种薯在产地大多数已受病毒感染,只因土温太低,病毒不能发展,当在南方栽培后,由于土温增高,病毒繁殖加速,才导致迅速繁殖。如果没有病毒存在,单纯的高温也不会引起马铃薯退化。

防止马铃薯退化的措施,除了提高栽培技术水平和做好脱毒种薯繁育工作外,应采用下列几种措施:

(1)建立高山良种基地。高山气候凉爽,气候湿润,昼夜温差大,有利于有机物质的积累,适于马铃薯的生长发育。这类地区所产的马铃薯品质好,抗病、抗退化,且病毒传播媒介——昆虫少(如甘肃省渭源县为中国马铃薯良种之乡),生活能力强,产量高。

(2)马铃薯脱毒繁育。采用马铃薯茎尖组织脱毒,可以排除病毒,产生无病毒种薯。因此,进行马铃薯脱毒种薯快繁栽培来提供脱毒种薯,是解决马铃薯病毒退化的关键措施之一。

(3)加快脱毒种薯的应用推广。在北方气候凉爽的地方,大力发展现代马铃薯生物组培快繁技术、马铃薯原原种网棚扩繁基地、马铃薯一级种栽培等种薯繁育推广体系。

(4)选择马铃薯适宜播种期,使得马铃薯结薯和块茎膨大期躲开高温时段。

10. 什么样的天气条件下,喷洒农药防治马铃薯病虫害效果好?

利用农药杀虫治病,是保护马铃薯免受病虫危害、保证农业高产稳产的重要手段。

正确做好马铃薯病虫害发生发展的预测预报,做到"防得准""治得好",提高农药的购置,对科学防治马铃薯病虫害是很重要的。防治的效果好坏很大程度上与天气条件有关,农药大都是化学药剂,他们的药效与温度、湿度、降水、风和光等气象因子关系密切。同一种农药在某种天气条件下可以提高药效,而在另一天气条件下,不但药效降低,而且药效期还会缩短,这在用药时不可忽视。

一般来说,在一定的温度范围内,较高的气温条件下可以显著提高化学药剂的药效,使毒杀速度加快。但当温度超过一定的范围后,药效反会降低。由于高温促进药剂的分解而降低药效的持久性,同时,喷出的雾滴易于挥发散失,因此,药效反而降低,并且容易引起中毒事故。另外,在炎热的天气条件下,作物代谢作用旺盛,气孔打开,施用农药时,很容易浸入马铃薯体内,发生药害。因此,防治马铃薯病虫害施药时,一般选在08—10时和16—20时。

降雨对药效的影响主要是冲刷作用,它能冲淡药剂,降低药效。早晨的露水,同样因冲淡药剂的浓度而使药效降低。

大风能促使药剂的药效挥发和散失,造成药剂的浪费。因此,在出现大风时不宜施药,一天中则宜在上午或傍晚风力较小时进行。

11. 为什么要进行马铃薯芽栽?

马铃薯芽栽是节省种薯、加快良种繁殖、减轻退化、减少病害的有力措施。据试验,芽栽可节省种薯三分之二。芽栽不需切块,避免切刀带菌传播,同时,掰芽过程中,对病烂退化的芽苗及时剔除,将大大减少田间发病率(图8.6)。

马铃薯芽栽方法:一般在3月下旬,选择背风向阳的地块,用腐熟的有机肥(农家肥)做底肥,将地整细整平、开沟,把薯块斜放在沟内,顶部朝上,种薯间距6 cm,顶部覆土6 cm,沟距16～26 cm,平均每个种薯发芽4～5个,如掰一次芽,每亩需种薯75～100 kg,掰两次

图8.6　马铃薯芽栽

芽,每亩需50 kg左右。当幼苗长出2～3片叶时待晚霜过后即可掰芽移栽。芽栽选择阴天或17时后进行,以提高成活率。据甘肃省通渭县陇山乡何山村村民何奉旗反应,2016年在黑膜全覆盖双垄侧播田上芽栽马铃薯,不仅亩节省种子75 kg,而且芽栽的马铃薯病害轻,产量高,品质好。

12. 马铃薯在播种到出苗期什么墒情最适宜?

马铃薯播种时,一般0～20 cm土壤相对湿度在55%～65%较为适宜。马铃薯在播种至出苗期,若土壤水分过大,往往导致烂薯,尤以全膜双垄侧播马铃薯烂薯严重。据定西市农业气象试验站试验和调查结果显示,马铃薯播种前10天或后10天旬降水量≥50 mm时,地膜马铃薯的种薯容易腐烂。当马铃薯播种前10天或后10天旬降水量≥100 mm时,未覆膜的大田马铃薯的种薯和覆膜的马铃薯种薯90%腐烂,导致缺苗严重。

干旱季节,因旱往往导致马铃薯不能出苗,据定西农试站试验,30 g的切块种薯在土壤干旱(10 cm土壤相对湿度≤30%)持续30天时,种薯失去活力无法出苗,导致缺苗断垄严重(图8.7)。因此,在干旱年份,要大力推广整薯或大于80 g的种薯块穴播、黑膜全覆盖双垄侧播等抗旱栽培技术。

13. 什么是马铃薯原原种?

用育种种子、脱毒组培苗在防虫网、温室等隔离条件下生产,经质量检测达到要求的,用于原种生产的马铃薯的种薯为马铃薯的原种(图8.8)。

图8.7　马铃薯播种后因土壤过湿导致种薯腐烂

14. 什么叫马铃薯原种?

用原原种作种薯,在良好的隔离环境中(如网棚)生产的,经质量检测达到要求的,用于生产一级种的种薯为马铃薯原种(图 8.9)。

图 8.8 马铃薯原原种

图 8.9 马铃薯原种

15. 怎样识别马铃薯缺素症? 如何防治?

没有氮,就没有叶绿素。马铃薯缺氮时一般在开花前显症,植株矮小,生长弱,叶片均呈淡绿色,继而发黄,严重时叶片上卷呈杯状,到生育后期,基部小叶的叶缘完全失绿而皱缩,有时呈火烧状,叶片脱落,产量低。

防治措施:早施氮肥作基肥,播种时亩施氮肥 12~15 kg。发现缺氮肥时及时用叶面喷施 0.2%~0.5% 尿素液。但马铃薯田间若氮肥施得太多,地上茎、叶容易疯长,看起来是一片旺田,其实结薯很少。所以,一定要配方施肥。

马铃薯缺磷肥时影响根系发育和幼苗生长,缺磷的马铃薯植株矮小、僵直,呈暗绿色,叶片上卷;花序形成期至开花期的马铃薯缺磷时叶片皱缩,呈深绿色,严重时叶柄、小叶及叶缘朝上,不向水平展开,叶面积缩小,呈暗绿色。

防治措施:增施有机肥并施过磷酸钙或磷酸二铵作基肥。发现马铃薯缺磷时,叶面喷施 0.25%~1% 过磷酸钙浸出液。

马铃薯缺钾肥时,下部叶片首先出现症状,植株生长变慢,节间变短,呈丛生状;叶片的叶尖和叶缘变褐变焦枯,叶面上常出现坏死斑点或斑块,小叶叶尖萎缩,叶片向下卷曲,叶脉下陷;严重时植株呈"顶枯"。

防治措施:在多施有机肥的基础上,施入足够的钾肥,如草木灰、硫酸钾等,或者在马铃薯淀粉积累期叶面喷施 1% 硫酸钾溶液,每隔 15 天左右喷 1 次,连喷 3 次。

16. 马铃薯什么时候收获最适宜?

马铃薯生理成熟的标志是茎叶开始凋萎,植株基部叶子干枯,变为褐色;块茎的脐部与着生的匍匐茎容易脱落;块茎表皮韧性较大,薯块发硬,块茎切开时伤口分泌少量汁液且易干。

马铃薯成熟后当快速收获,避免因收获晚遭遇湿害而烂薯,或因初霜而减产。收获时避免暴晒,因为晒后的马铃薯变绿产生龙葵碱,因此,晴天收获时选择 09 时前或 17 时后。

马铃薯成熟后若出现一场大于 25 mm 的降水过程,待田间土壤不太泥泞时要及时采挖,若地膜马铃薯处在土壤相对湿度 80% 的环境里 10~20 天,将造成烂薯。

17. 空心马铃薯是怎样形成的?

一般来说,马铃薯块茎膨大初期若遭遇干旱,中后期若降水较多,收获的马铃薯往往外形看起来很大,但切开马铃薯块茎后中心有一个空腔,空腔壁为白色或浅棕色木栓化组织,煮熟时发硬发脆(图 8.10)。这主要是块茎膨大初期,温度高、降水少,土壤湿度小,致使块茎未膨大,而中后期温、湿度适宜,加之土壤肥力前期消耗少,造成块茎急剧增大,块茎体积大而干物质少,因而形成了空心。

图 8.10 空心马铃薯

18. 怎样求算马铃薯生长的界限温度起止日期、持续日数及活动积温?

马铃薯生长发育需要一定的温度(热量)条件。在马铃薯生长发育所需的其他条件均得到满足时,马铃薯生长发育的速度和气温是密切相关的。在一定的温度范围内,气温和马铃薯的发育速度成正相关,并且要积累到一定的温度总和才能完成其发育期,这个温度的累积数称为积温。

积温有两种,即活动积温和有效积温。界限温度是指马铃薯生长发育的起始、终止及转折的温度。0℃为喜凉作物马铃薯生长的起止温度。

五日滑动平均法:该方法为中国气象局规定的全国各气象台站计算界限温度起止日期的统一方法。指春季(或秋季)第一次出现高于(或低于)某界限温度之日起,按日序依次计算出每连续五日的日平均气温平均值。并在一年中,任意连续≥0℃界限温度持续的最长的一段时期内,第一个五日的日平均气温中,挑取最先一个日平均气温大于等于该界限温度出现的日期,即为稳定通过该界限温度出现的初日(起始日期);而在持续最长的一段时期(秋季)的最后一个高于某界限温度的五日平均气温中,挑取最末一个日平均气温大于等于该界限温度的日期,即为稳定通过该界限温度的终日(终止日期)。下面以求 10℃界限温度的初日、终日及计算 10℃活动积温为例。

例:利用五日滑动平均法求算某站 2016 年≥10℃的起始日期,见表 8.1。从表 8.1 中可以看出,在 3 月 21 至 3 月 25 日以后的连续五日平均温度大于 10℃;在 3 月 21 至 25 日中,3 月 22 日为第一个出现≥10℃的日期,所以确定 3 月 22 日为 10℃的起始日期。

表 8.1 五日滑动平均法计算表(春季)

日期(月.日)	平均气温 (℃)	五日滑动时段	五日平均气温 (℃)
3.13	4.7	3.13—3.17	7.4
3.14	6.1	3.14—3.18	8.5
3.15	6.9	3.15—3.19	9.4
3.16	9.0	3.16—3.20	9.4
3.17	10.1	3.17—3.21	9.0
3.18	10.6	3.18—3.22	9.1
3.19	10.4	3.19—3.23	9.3
3.20	6.8	3.20—3.24	9.2
3.21	7.2	3.21—3.25	10.7
3.22	10.3	3.22—3.26	11.7

日期(月.日)	平均气温 (℃)	五日滑动时段	五日平均气温 (℃)
3.23	11.9	3.23—3.27	11.9
3.24	9.8	3.24—3.28	12.3
3.25	14.2	3.25—3.29	12.7
3.26	12.2	3.26—3.30	12.4
3.27	11.3	3.27—3.31	12.4
3.28	14.2	3.28—4.1	11.9
3.29	11.8	3.29—4.2	11.6
3.30	12.5	3.30—4.3	≥10.0
3.31	12.2		
4.1	8.8		
4.2	12.5		

从表 8.2 中可以看出:≥10℃持续时段的最后一个五日平均中,即为 10 月 22 日至 10 月 26 日,最后一个 ≥10℃ 的日期为 10 月 23 日,即为该年的 10℃ 终止日期。

计算稳定通过 ≥0℃、≥5℃、≥10℃、≥20℃ 各界限温度时,一定要注意为 5 日滑动平均值;其次为负值不统计。

表 8.2　五日滑动平均法计算表(秋季)

日期(月.日)	平均气温(℃)	五日滑动时段	五日平均气温(℃)
10.21	14.6	10.21—10.25	11.7
10.22	15.3	10.22—10.26	10.7
10.23	10.6	10.23—10.27	9.7
10.24	8.9	10.24—10.28	9.7
10.25	9.0	10.25—10.29	9.5
10.26	9.5	10.26—10.30	<10
10.27	10.3		
10.28	10.8		
10.29	7.7		
10.30	7.0		
10.31	9.1		
11.1	10.0		
11.2	10.3		
11.3	7.5		
11.4	<10		

通过 5 日滑动平均法计算,初日为 3 月 25 日,终日为 10 月 23 日,则持续日数为 213 天。

≥10℃ 的积温:即由 3 月 25 日至 10 月 23 日之间 ≥10℃ 的日平均气温累积和为 4295.2

℃·d。注意在 3 月 25 日至 10 月 23 日期间小于 10℃的日平均温度不能统计在内。

19. 风力达到多少时覆盖的地膜易被揭开？

地膜覆盖后最怕大风天气,地膜会被风揭起(图 8.11)。据跟踪调查结果显示,当风力≥5 级时,若覆膜行向与风向垂直,有 10％的地膜将被刮起;当风力≥6 级时,30％的地膜刮起;当风力≥7 级时,≥80％的地膜刮起。因此,在刮风天气,要根据风力等级,到田间地头及时巡查,将被风刮起的地膜及时覆盖,保证地膜的保墒效应。

图 8.11　地膜被风揭开

20. 怎样贮藏马铃薯？

马铃薯常因贮藏不当造成大量损失,甚至影响翌年马铃薯的播种。因此,马铃薯在入库(窖)前,要对库(窖)内进行彻底清扫,入库(窖)前 10 天进行药剂熏蒸处理,入库(窖)前 3 天进行通风。马铃薯在贮藏期间库(窖)内温度应保持 1～4℃为宜,若在 1℃以下时,容易受冻变质,若超过 4℃时间过久,则芽易萌动,降低食用价值,且有利于病菌滋生。空气相对湿度高时,块茎容易腐烂,过低则薯皮因失水而皱缩,味道变差。库(窖)内最适宜的空气相对湿度为80％～85％。

马铃薯刚入库(窖)后,薯块处在预备休眠期,呼吸旺盛,放热多,库(窖)温度高,湿度大,因此,要注意降温排湿,在晴朗无风的中午,打开库(窖)口,适当通风透气。贮藏中期,正值寒冬,马铃薯呼吸减弱,这个时期主要以保温为主,如遇到寒潮强降温时,最低气温下降到－20℃以下时,为防止薯块受冻,应在薯块上设法覆盖草帘或保温被等,以免马铃薯受冻。

掌握了贮藏技术,淡季贮藏,旺季销售,既减轻了集中上市造成的市场压力,也让老百姓有了销售的主动权,可以在价格较高时出售以增加收入。

21. 为什么马铃薯不能和甘薯混合贮藏？

大家知道,人各有志,每个人有不同的性格。植物也一样有不同的性格,常言道,物以类聚,人以群分。苹果和樱桃种在一起,都长得很好,但若把番茄和黄瓜种在同一个温室里,它们都会显得无精打采。

马铃薯和甘薯都是薯类,但要是贮藏在一起的话,会闹得你死我活,不是马铃薯发芽变青,就是甘薯僵心坏死。因为马铃薯贮藏的最适温度为 2～4℃,若是高于这个温度,它就会发青出芽,产生龙葵碱,对人畜有害。而甘薯的贮藏温度在 15℃左右,若温度降到 9℃以下,甘薯就会发生僵心,并很快腐烂。

正因为马铃薯和甘薯对贮藏的环境温度有严格的要求,倘若硬要把它们放在一起,就会出现满足了马铃薯,害了甘薯,或者好了甘薯,坏了马铃薯,甚至造成两败俱伤。

22. 为什么说"马粪性热牛粪冷"？ 马铃薯适宜施马粪还是牛粪？

俗话说"马粪性热牛粪冷"。正因为马粪性热,人们常常把马粪施在培育幼苗的温床上。马粪和牛粪之所以不同,是因为马与牛的脾气不同。马吃草时,没有嚼细就往胃里装,结果消化得不好,粪里含有很多没被吸收的纤维素,成多孔状,水分易于发散,很通气。再加上马粪里还住着许多分解纤维的细菌,能够促进纤维素分解。分解快,发热多,能够增高土壤温度。促使种子发芽,幼苗苗壮成长。

牛是反刍动物,不光是吃草时仔仔细细地嚼,而且在吃进肚子后到了夜间还要吐出来再嚼一次,这样牛粪的粪质就很细。由于牛饮水多,因此,粪中多含水分,空气不容易流动,分解得很慢,发热少,于是,牛粪被称为冷性肥料。同样,猪也喜欢喝水、吃的东西比牛马杂而细,猪粪也是冷性肥料。

马铃薯是喜凉作物,施有机肥的过程中,选用牛粪、猪粪比马粪和羊粪好,而种植玉米等喜温作物时,选马粪、羊粪等有机肥较好。

23. 马铃薯缺氮肥有什么症状? 如何防治?

马铃薯开花前缺氮肥时,表现为植株矮小,生长弱,叶片呈现淡绿色,继而发黄,严重时,叶片上卷呈杯状,至生长后期,基部小叶的叶缘完全失绿而皱缩,有时呈火烧状,叶片脱落,产量低。

马铃薯通过根从土壤里吸收各种含氮的化合物,运到叶子上,经过光合作用,制成蛋白质,这些蛋白质成了马铃薯进行"建设"的原材料,马铃薯用它壮大自己的各个器官。一旦土壤里缺乏氮,马铃薯就没有这些原材料了,植株长得又矮又小。没有氮,就没有叶绿素,这样生长在缺乏氮的土壤中的马铃薯因缺乏叶绿素而变成一片焦黄。

防治措施:早施氮肥,可用作种肥或苗期追肥。发现缺氮时,及时用 0.2%～0.5% 尿素液或含氮的复合肥叶面喷施。

氮肥这么重要,那么给马铃薯施肥时氮肥应该越多越好吗? 不,正像人们不能一下子吃10 碗饭一样,氮肥施得太多,反而会使马铃薯得病,茎干疯长,像得了软骨病一样,一遇风吹雨打,便纷纷倒伏。

24. 近代马铃薯种植农具是如何演变的?

我国北方农户以前播种马铃薯时多采用铁锹、锄头在翻耕好的田里穴播,也有采用牛、驴、马、骡大牲畜翻耕点播的。随着土地翻耕技术的改进,又有采用拖拉机带犁播种的。近年来,甘肃省定西市采用地膜覆盖种植马铃薯后,发明了与之相适应的桶形点播器和锥形点播器进行人工点播,马铃薯种植公司和大户一般采用大型机械化种植。桶形点播器桶深 16～25 cm,直径 9～10 cm,总长 80～90 cm。锥形点播器是由桶形点播器改进而来,基本与桶形相仿,改进后明显省力,大大提高了点种效率。目前,种植地膜马铃薯时,一般采用锥形点播器进行点播,两人配合,不仅速度快,种植质量也高(图 8.12)。

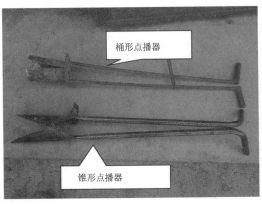

桶形点播器

锥形点播器

图 8.12　利用新型农具播种马铃薯

25. 什么是马铃薯的休眠？

新收获的马铃薯块茎，在适宜的条件下，必须经过一定的时间后才能萌发的现象称马铃薯的休眠。休眠是一种自然生理现象，是对不良环境条件的一种适应性。马铃薯的休眠期长短与品种有关，早熟种休眠期长，晚熟种休眠期短。休眠期一般为 1～5 个月。马铃薯各品种的休眠期的长短与贮藏期间的温度关系很大，温度愈高休眠期愈短。

26. 怎样计算马铃薯的补灌量？

半干旱地区的马铃薯命悬于天，生育关键期高温干旱时间长，则减产严重甚至绝收。但若能补灌，减产幅度明显变小。马铃薯不同的生育阶段所要求的水分不同，一般来说，苗期和淀粉积累期所需水分较少，而结薯和块茎膨大期需水量较大。对于半干旱地区来说，播种到出苗期若土壤水分太差，可推迟播期，但结薯和块茎膨大时期，是产量和品质形成的关键期，此时也是马铃薯需水关键期，因此进行补灌，可减轻旱灾之忧。马铃薯是既怕旱又怕涝的作物，补灌量如何计算？根据马铃薯不同生育期的土壤水分指标进行计算，首先要测定补灌田间的土壤相对湿度 w_1，如马铃薯处在块茎膨大期，土壤相对湿度为 70% 即可达到适宜。灌溉量 Q 为：

$$Q = (70 - w_1) \times \rho \times h \times s \div 100 \tag{8.1}$$

式中：Q 为补灌量，单位 t/m^3；w_1 为补灌田间灌溉前所测定的土壤相对湿度；ρ 为 0～20 cm 的平均土壤容重；h 为深度，以 m 为单位，马铃薯取 0.2 m；s 为补灌面积，以 m^2 为单位，若计算 1 亩的灌溉量，换算为 666.7 m^2 即可。

例如：定西市安定区 2016 年 8 月 24 日测得马铃薯田间 0～20 cm 平均土壤相对湿度为 19%，0～20 cm 的平均土壤容重 ρ 为 1.06 t/m^3，问 1 亩马铃薯田间的补灌量为多少？

根据上式计算可得

$$Q = (70 - 19) \times 1.06 \times 0.2 \times 666.7 \div 100$$
$$= 72 \ m^3$$

27. 为什么马铃薯轻度受冻后反而比较甜？

马铃薯含有大量的淀粉，淀粉并不甜，并且不太容易溶解于水。霜降后，若马铃薯轻度受冻，其体内的淀粉在淀粉酶的作用下，水解而变成葡萄糖，葡萄糖很甜，并且很容易溶解在水里。马铃薯轻度受冻变甜，就是因为淀粉变成了葡萄糖的缘故。

28. 马铃薯全膜双垄覆盖后为何要种在垄侧？

农田被地膜覆盖后有保墒增温效果，而垄作条件下，通气良好，排水力强。马铃薯是既怕旱又怕涝的作物，干旱半干旱地区，全膜双垄覆盖后马铃薯种在垄侧，既在干旱时段有保墒作用，又在雨水多的时候，可沿着垄侧下渗，能达到排水降湿作用。若马铃薯种在垄沟，因土壤适度过大，易使薯块腐烂。2012 年 6 月 23—24 日定西市安定区（定西农试站试验田所在地）降水总量 27.7 mm，定西农试站 26 日待雨水下渗后，分别在黑膜全覆盖双垄的垄沟和垄侧测定土壤相对湿度，其中垄沟 0～20 cm 平均土壤相对湿度较垄侧高 3 个百分点。

29. 怎样求取马铃薯的农业气象指标？

在求取马铃薯农业气象指标时，一方面应对马铃薯生长发育状况进行观测，同时也要对气象因子进行观测，即所谓平行观测法。只有这样，才能知道马铃薯生长的快慢、生育期出现的迟早、生长状态的好坏以及受农业气象灾害的程度等，是在什么样的气象条件下形成的，进一步就可分析出马铃薯的各生育状况与气象因子之间的数量关系，即农业气象指标。

为了较快地求取马铃薯农业气象指标，首先在大量文献检索、收集整理已有指标后，进行系统的分析梳理的基础上,针对当前气候变化影响及品种变化较大的特点,集地面气象、农业气象、农情、灾情等多元信息,利用实地调查、田间农业气象试验(地理播种法、分期播种法)、人工控制模拟试验、气候统计分析等手段,研究基于马铃薯不同发育期的气象要素与生长发育和产量之间的关系,筛选气象因子单要素指标和多因子综合指标。通过梳理判别、校验修订和补充完善,构建当地马铃薯主栽品种类型的农业气象指标体系。

30. 马铃薯农田翻耕为什么比未翻耕的产量高?

同其他土壤耕作措施一样,翻耕首先能改变土表状况,使土面粗糙,反射率降低,对太阳辐射的吸收虽有所增加,但土壤表面的有效辐射增大。由于翻耕的土壤疏松,孔隙度增大,空气含量增多,土壤热容量和导热率减小。白天较未翻耕的土壤温度高,夜间温度低,温差大。同时,由于翻耕切断或削弱土层的毛细管,有保墒效应。且对于马铃薯来说,疏松的土壤利于块茎膨大。

31. 地膜全覆盖马铃薯种植时为什么选用黑色地膜更好?

据定西农试站 2011 年黑、白膜全覆盖双垄侧播马铃薯的温度和土壤水分对比试验研究结果显示,黑膜与白膜相比,同样有保墒增温作用,但黑膜较白膜增温幅度小,膜内温度低。其中,08 时黑膜和白膜温度相差较小,晴天时随着温度的升高,晴天中午 14 时白膜增温较黑膜明显偏高,最大幅度在 2.8～4.8℃,而马铃薯是喜凉作物,尤其是生育关键期怕高温,因此,全膜双垄侧播马铃薯种植选覆黑膜比白膜好。覆盖黑膜由于膜下不透光,无法进行光合作用,因此,杂草少。

32. 马铃薯在栽植行向上要注意些什么?

马铃薯的栽植行向不同,投入株间的太阳辐射和照射时间都有差异。这是由于不同时期太阳高度角和方位角随着季节和纬度而变化的缘故。夏半年(春分日—秋分日)北半球,日出与日落的太阳方位角随纬度的增高而愈偏北,日照时间也愈长。这时沿东西行向株间照射时数比南北行向株间的要长。由于马铃薯是喜凉作物,高温热害对其产量和品质影响很大,因此,夏季易出现高温的地方选南北行向栽植比东西行向有利,而热量条件不足的地方选东西行向较南北行向的有利。当然,自然条件比较复杂的山区,要因地形而宜,马铃薯种植行向的选择也不能一刀切。

33. 如何测定马铃薯的块茎膨大速度?

马铃薯的块茎膨大速度,是通过测量块茎形成至收获期间单位时间体积的增长量来确定的。

测量方法:

(1)定株:选取同日开花的马铃薯植株,进行挂牌标记,每个小区选取 40 株,4 个小区共选取 160 株,供马铃薯块茎膨大速度测定用。

(2)取样:开花后 10 天开始每 5 日取样一次,直至收获为止。每次在每个小区标记的植株中选取 1 株,共 4 株。

(3)体积的测定:采挖块茎,洗净样本块茎上的泥土。每株选取最大的一个块茎作为样本进行测定体积。取一塑料盆,盛满水,将其放置在另一更大的塑料空盆中,然后把待测的 4 个马铃薯样本块茎放置在盛满水的盆中,水慢慢溢出进入其下的空盆中,用量杯测定溢出水的体积,即为 4 个马铃薯的体积,除以 4,即为株最大薯平均体积(图 8.13)。

(4)块茎膨大速度的计算:

$$FV = \frac{V_i - V_{i-1}}{D} \tag{8.2}$$

式中，FV 为第 i 次测定时的块茎膨大速度，单位为 $cm^3/(个·天)$；V_i 为第 i 次测定时的平均最大个块茎体积，单位 cm^3；V_{i-1} 为第 $i-1$ 次测定时的平均最大个块茎体积，单位 cm^3；D 为前、后两次测定时间的间隔日数，单位为天。

图 8.13　马铃薯块茎膨大速度测定

34. 如何测定马铃薯的淀粉含量？

马铃薯在每个人的嘴里有不同的口感，这些口感差异，实际上是马铃薯中淀粉含量的差异，一般是同一品种的马铃薯，昼夜温差大的地区生长的淀粉含量就高。我国东北三省、甘肃、青海、云贵等地因日照时间长、温差大，生长的马铃薯淀粉含量高。因此，马铃薯淀粉含量的多少，直接影响着马铃薯的品质，而测定方法又影响着马铃薯淀粉含量的准确度。下面介绍一种简单的马铃薯淀粉含量测定方法。

首先测定马铃薯鲜薯的含水率：将取来的马铃薯切片，放在铝盒中，称取鲜重，放入恒温干燥箱内加温，温度控制在 105℃烘烤通风半小时，以后维持 80℃两个小时，直至烤干，即两次重量差≤5‰时不再烘烤。

$$马铃薯含水率(\%) = \frac{鲜重 - 干重}{鲜重} \times 100\% \tag{8.3}$$

$$马铃薯淀粉含量(\%) = (1 - 含水率) \times 0.7558 \times 100 - 0.6366 \tag{8.4}$$

例如：测得马铃薯鲜重 105.6 g，干重 23.9 g。

$$马铃薯含水率 = (105.6 - 23.9)/105.6 \times 100\% = 77\%$$

$$马铃薯淀粉含量(\%) = (1 - 0.77) \times 0.7558 \times 100 - 0.6366 = 16.7\%$$

35. 如何测定马铃薯叶面积指数？

马铃薯的叶片是进行光合作用的主要器官，它的面积大小直接影响马铃薯的受光，马铃薯叶面积的变化制约着农田小气候，是马铃薯群体结构合理性的重要标志之一。测定马铃薯叶面积对研究马铃薯合理受光的群体结构、鉴定品种特征、选育新品种、计算光能利用率及净同化率等生长特征量具有重要意义。同时，也是进行马铃薯晚疫病等病害预测的关键因子之一。

但马铃薯叶片较多，目前一般气象台站或农试站均没有配备较为精密的叶面积测定仪器，一般仍采用面积法测定。测定方法为：

（1）首先测定当地普遍种植的马铃薯品种的校正系数。

（2）取样，从马铃薯分枝开始，至花序形成期、开花期、可收期，在每个小区采挖有代表性的 1 株，4 个小区共 4 株。

（3）将 4 株马铃薯的叶片全部剪下，数其总叶片数，然后挑出 1 片最大叶和 1 片最小叶，按长度分 5 组，从各组中按比例共取 50 个叶片。例如，4 株总叶片数为 320 片，其中第 1 组 20 片，第 2 组 36 片，第 3 组 52 片，第 4 组 180 片，第 5 组 32 片。我们按照权重，分别从第 1 组取 3 片，第 2 组取 5 片，第 3 组取 8 片，第 4 组取 29 片，第 5 组取 5 片，共 50 片。

（4）单株叶面积：量取所抽取 50 个样本叶片的长度和宽度，即量取每组样本植株完全展开叶的完整的绿色叶片的长度和宽度，以 cm 为单位，取一位小数。将每组样本叶片的长宽乘积之和除以叶片数后再乘以本组总叶片数，5 组累加和乘以校正系数 0.75 除以 4 为单株叶面积。

（5）1 m² 叶面积（S_2）：单株叶面积（S_1）与 1 m² 株数的之积。

（6）叶面积指数（LAI）：单位土地面积（S）上绿色叶面积的倍数。

$$LAI = \frac{S_2}{S} \tag{8.5}$$

S 取 10000 cm²。单株叶面积、1 m² 叶面积、叶面积指数均取一位小数。

36. 种马铃薯为什么要倒茬？

据定西农试站对比试验，重茬马铃薯晚疫病比倒茬马铃薯晚疫病严重，导致减产幅度大。2011 年试验结果显示，重茬马铃薯亩产 316 kg，倒茬马铃薯亩产 1325 kg，倒茬马铃薯亩产量是重茬马铃薯亩产量的 4.2 倍。因此，种植马铃薯时一定要选好前茬作物，不要选在番茄、茄子、辣椒等前茬作物的地里种植，因为这些作物和马铃薯一样，都属茄科作物。一般选择小麦、豌豆、扁豆、蚕豆、胡麻、高粱等作为前茬作物。

37. 马铃薯的花需要摘掉吗？

种植马铃薯的目的，是要采收马铃薯的块茎，而马铃薯开花会消耗养分，因此，马铃薯的花可以摘掉。

38. 马铃薯喜欢什么土壤和肥料？

马铃薯的块茎是生长在土壤里的，因此，它喜欢疏松、排水良好的土壤。马铃薯需要钾肥最多，氮、磷次之。据研究，每生产 1000 kg 马铃薯块茎，需氮肥 4.5 kg、磷 2 kg、钾 10 kg。因此，马铃薯属钾素营养类型，钾肥对马铃薯的块茎影响最大，能增强叶子的同化强度，参与糖分的形成并将其转化为淀粉，因而显著增加产量和淀粉含量，同时增强植株的抗病能力。马铃薯需肥规律是以生育期的前中期最多，约占全生育期的 75%，故应重施基肥，尤其是追肥困难的地膜覆盖田块更应重施基肥。基肥应以厩肥、堆肥、绿肥等最好，并结合施用草木灰（农家肥）和无机肥，有条件的地方，马铃薯播种前测定土壤肥力，进行配方施肥。

39. 如何给马铃薯配方施肥？

首先对要计划种植马铃薯的田块取土样，用土壤养分测试仪测定土壤中的氮、磷、钾含量，其次按每生产 1000 kg 马铃薯块茎需吸收 5 kg 氮、2 kg 磷、9 kg 钾进行计算。如当地气候条件好，预计马铃薯亩产 4000 kg，则根据所测的土壤中氮、磷、钾含量，与预计产量值所需要的氮、磷、钾含量相减，即为该田块实际所需要的施肥量。

黑膜全覆盖双垄侧播马铃薯抗旱栽培技术

一、前言

甘肃是一个典型的严重干旱缺水的农业省份,全省旱地面积占总耕地面积的 72.8%,主要集中在中部半干旱区,干旱少雨是制约甘肃农业发展的主要因子。长期以来,提高自然降水利用率一直是人们探索研究的内容,而全膜双垄沟播抗旱技术是甘肃农业科技工作者首创的一种提高自然降水利用率的新型抗旱栽培技术,近年来在甘肃得到了推广应用。2010 年,定西市农业气象试验站在全膜双垄沟播玉米出苗率的调查中,发现同一地块采用黑、白膜覆盖的全膜双垄沟播玉米出苗率及长势截然不同,经与户主联系后知道黑、白膜覆盖的玉米均在同一天播种,施肥及田间管理也相同。为了探明其中的因果关系,2011 年定西市农试站对黑、白膜马铃薯的增温效应进行了对比试验,通过对两种不同颜色地膜的 5 cm、10 cm、15 cm、20 cm 全覆膜双垄侧播马铃薯地温增温效应进行对比观测及产量结构分析,并对其他试种黑膜全覆盖双垄侧播马铃薯生长的情况进行了调查,综合分析试验结果后,为安全推广黑膜全覆盖双垄侧播马铃薯抗旱技术提供了科学依据。

二、农业气象原理

马铃薯是喜凉作物,既不耐低温,又不抗高温,苗期和收获期要防霜冻,结薯和块茎膨大期要躲高温。

黑膜全覆盖双垄侧播马铃薯不仅有保温保墒作用,而且因透光率差,具有抑制杂草和减少青头薯等优点,解决了因干旱不能全苗等问题,在甘肃定西安定区一些地方种植确实显现了增产的优势,但因膜内温度较露地偏高明显,在部分地域也不适合推广,若盲目推广,会导致马铃薯结薯期因高温而导致结薯少、产量低、品质差等严重减产的情况。因此,推广黑膜全覆盖双垄侧播马铃薯抗旱技术不能一刀切,要因地、因气候制宜。

定西农试站 2011 年进行了黑、白膜增温效应试验,该站位于甘肃省中部,属典型的黄土高原半干旱气候区。海拔高度 1897 m。年平均气温 7.2 ℃,最热月 7 月平均气温 19.3 ℃,最冷月 1 月平均气温 -6.9 ℃;年降水量 377 mm;降水集中于夏季 6—8 月,降水量 205.6 mm,占年降水量的 54%,雨热同季;春季和秋季降水量基本相当,分别为 83.5 mm 和 79.0 mm;冬季最少,为 8.9 mm。年太阳总辐射为 5923.8 MJ/ m²;年平均日照时数 2437.0 h,最多 2664.0 h,最少 2159.7 h。无霜期平均为 141 d,最长 183 d,最短 99 d。

试验结果表明,黑膜侧播马铃薯 0~20 cm 土壤相对湿度较露地马铃薯墒情高 14~20 个百分点。从 6 月开始到 8 月,晴好天气下,试验田黑膜内 5 cm 地温从 11 时到 20 时,每天有 10 h 左右的温度均在 30 ℃ 以上,而 10 cm 地温每天有 7 h 左右的温度在 30 ℃ 以上,马铃薯结薯和块茎膨大期的适宜温度为 16~18 ℃,在如此高温条件下,即使土壤湿度适宜也无法结薯和块茎膨大,黑膜马铃薯在天气转凉的 9 月结薯,由于生长期短,淀粉含量低,产量和质量均很差。

在海拔 2000 m 以上的地域测产显示,黑膜全覆盖双垄侧播马铃薯普遍较大田马铃薯产量高,尤其是大旱年份,偏高更加明显。

三、技术方法要点

1. 适时覆膜

当秋季降水多,土壤墒情好时,秋覆膜好,可达到秋雨春用的目的。一般以气象部门预测的"秋季适宜覆膜期预测"进行覆膜较为合理。冬雪多,春季降水多,一般适宜顶凌覆膜或春覆膜。

覆膜能保墒,但当土壤墒情很差时也无法造墒,据定西农试站试验和调查结果显示,秋季 0~50 cm 土壤相对湿度≤50%时不宜覆膜,因覆膜和未覆膜墒情基本相同,加之遇大风时揭膜还需重新覆,这样会造成人力物力的浪费。覆膜要抢抓时机,秋季或初春当日降水量≥8 mm 即可覆膜。

2. 选茬整地

选择地势平坦、土层深厚、土壤疏松的梯田地、川旱地。茬口以小麦、豆类、胡麻为好。覆膜前打糖,保持地面平整,土壤细、绵,无土坷垃,无前作根茬。

3. 起垄覆膜打孔

按大垄宽 70 cm、高 10 cm,小垄宽 40 cm、高 5 cm 进行起垄。起垄后选用 120 cm 宽、0.008~0.012 mm 厚黑色地膜全覆盖,地膜相接在小垄垄脊处,并拉紧压实,每隔 2~3 m 压一土腰带。覆膜后沿垄沟每隔 40~50 cm 打 2~3 mm 微孔,使降雨能及时渗入土壤。

4. 测土配方施肥

坚持重施农家肥,氮、磷、钾配合施用的原则,要根据当地土壤肥力进行合理配方施肥。

5. 精选良种

降水在 500 mm 左右的地域选用陇薯 3 号、陇薯 6 号;降水为 370~450 mm 的地域,选用新大坪,搭配大白花等优良品种。

马铃薯出库(窖)后,要进行严格的选种,剔除病、烂薯,播前 1 天将种薯切成 50 g 左右的薯块,切籽太早种薯里的水分容易散失,切籽太晚切口的地方来不及形成皮层,种在地膜里容易烂籽。每个薯块带 1~2 个芽眼。

6. 防治虫害

覆膜后,由于膜内温度高、湿度大,利于虫卵孵化。所以,一般在整地起垄时每亩用 40%辛硫磷乳油 0.5 kg 加细沙土 30 kg,或每亩用 40%甲基异柳磷乳油 0.5 kg 加细沙土 50 kg,制成毒土撒施于土壤中来防治虫害。这个工序一定不能少,在冬暖或积雪覆盖厚的年份,地下害虫会安全越冬,等马铃薯出苗后常常被虫咬断幼苗根部,那时虫在地下,难以防治。

7. 适时种植

马铃薯适宜播期内既可以保证全苗,避过霜冻,又可躲开高温,使结薯和块茎膨大期迎上雨季。同时,要注意播种当天的天气状况,一般要避开种植当天≥29℃以上的晴热高温时段,甘肃中部一般在 09 时前播种,以防因高温烧伤种薯而影响出苗。

8. 种植

种黑膜全覆盖双垄侧播马铃薯时,最好有 3 人配合,其中两人用人工移土点播器在大垄两侧距垄沟 10~15 cm 处打开播种孔,将土提出,另一人及时在孔内放马铃薯籽。当打第二个孔后,将第二个孔的土提出放入第一个孔内,以此类推。保持株距 40 cm 左右,每亩保苗 3200 株左右。底墒差的干旱年份,要适当调大株距。

9. 田间管理

生长期要保护地膜;播种后遇雨,在播种孔上已形成板结,应及时破除板结,以利出苗;出苗时如幼苗与播种孔错位,应及时放苗;适时拔出地表杂草,并压实地膜破损处。

据定西农试站试验测定,地膜马铃薯雨天田间空气相对湿度达90%,较大田马铃薯高6%,易浸染晚疫病。因此,对于黑膜全覆盖侧播马铃薯晚疫病要预防为主,当出现3天以上连阴雨时,不管有无晚疫病,均需用70%甲基托布津可湿性粉剂,或钾霜灵锰锌喷药1次,效果较好。如若已经出现晚疫病,用上述药每隔7天喷1次,喷2～3次,喷药时千万注意风向,从上风方开始喷施为宜。

四、服务与推广方法

与当地政府及农业技术推广部门紧密结合开展服务与推广。2011年根据马铃薯黑白膜增温效应试验研究成果,及时发布了"定西市2011年秋季最佳覆膜期预测及适宜黑、白膜覆盖的地域建议"。农业部门以定西农情的形式向定西市各县农业局、甘肃省农牧厅等单位转发。2012年3月28日为渭源秦祁乡4个村农民培训了"黑膜全覆盖双垄侧播马铃薯农业气象适用技术"。

五、推广效益及适用地区

黑膜全覆盖双垄侧播马铃薯在半干旱较高海拔地区(海拔≥2000 m)增产效益明显,2011年在定西市安定区推广42.84万亩,亩产1813kg,比露地大田亩增产76%。种植因保墒作用,苗期可达到全苗,生育期间地膜的集水保墒作用,生长普遍良好,生育关键期因海拔高,膜内温度正好适宜马铃薯结薯和块茎膨大,较露地增产76%,在大旱之年平均亩产量达1813 kg,淀粉含量为16.0%。但在1900 m以下地域推广,由于黑膜内温度高,在6—8月的晴好天气,白天有10小时5 cm地温高于30℃,7小时10 cm地温高于30℃左右,部分时段膜内5 cm地温可达47℃。即结薯和块茎膨大期温度太高,导致不能结薯和块茎膨大,等天气转凉后结薯多、薯块小、品质差、不宜贮藏、商品交易率低,淀粉含量仅13.0%。

适用地区:甘肃海拔≥2000 m的干旱半干旱地区。

马铃薯特色农业气象服务

（第六次全国气象服务工作会议技术交流材料）

甘肃省定西市气象局　李巧珍

　　甘肃定西属干旱之地，过去以贫困出名。马铃薯产业的发展解决了当地的粮食问题、农民就业问题，让农民的腰包真正鼓了起来。近年来，定西市气象局围绕马铃薯产业，应对气候变化积极开展试验研究、进行农业气象服务，凝练农业气象服务指标和农业气象适用技术，研发农业气象服务系统，在全省示范、推广马铃薯农业气象服务集成技术，为保障当地乃至甘肃省粮食安全生产做出了一定的贡献，受到当地党政领导、农业部门、种植大户和农民朋友的一致好评。马铃薯农业气象试验研究成果不仅造福当地，而且已在多个省市气象部门各自的服务和业务工作中得到广泛应用，同时还被甘肃农业等相关部门借鉴使用。

一、工作进展

（一）提高认识，增强气象为农服务的责任感

　　定西市气象局按照中央一号文件精神及中国气象局和甘肃省气象局的安排部署，不断增强气象服务人员的责任感。为充分满足马铃薯种植气象服务需求，农气技术人员深入田间地头，进村入户，与广大种植农户和农业部门进行面对面交流，建立完善"直通式"的服务模式。从土壤 10 cm 解冻后到封冻前，市局要求全市气象部门每月开展主要农作物和经济作物苗情、墒情调查，同时增加马铃薯高温热害、干旱、冰雹、霜冻等农业气象灾害的调查内容和频次。

（二）突出特色，做好精细化的农业气象服务

　　为了做好马铃薯精细化服务，定西市气象局将马铃薯适宜播种期预测服务产品细化到乡镇，将夏季晴天时马铃薯在当天的播种时段细化到小时，将马铃薯晚疫病防治时喷药时段细化到小时以及确定适宜喷药方向等，正是由于这种精细化的服务赢得了用户的信任和好评。如通过黑、白膜全覆盖双垄侧播马铃薯增温效应对比试验，将定西黑膜全覆盖双垄侧播马铃薯在哪些乡镇可安全推广，哪些乡镇推广不易成功进行了细化，提高了地膜覆盖这一抗旱技术推广的安全性和服务效果。面向农业产业化龙头企业、专业大户和专业合作社，定西农试站深入了解大田马铃薯和温棚马铃薯中的农业气象问题，找准服务需求，进行细化服务。

（三）简化程序，进行农业气象试验工作创新

　　为了加快马铃薯农业气象试验研究工作进程，切实解决农业生产工作中迫在眉睫的问题，定西市气象局进行了农业气象试验工作创新，简化项目申报程序，决定只要农气人员在调查中发现需要用试验来解决农业生产中急需解决的问题时，将不再按照以往项目复杂的申报程序要求先写项目本子，而是同意先行开展试验。这一工作创新的实施，使得近年来定西农试站的许多试验项目在没有试验经费的支持下得以顺利开展。定西市气象局通过将试验研究成果及

时应用于服务产品和推广到对农民进行的农业气象适用技术的过程,总结凝练了马铃薯农业气象服务指标,实实在在为马铃薯气象服务和研发马铃薯农业气象服务系统提供了科技支撑。小试验确实派上了大用场。

(四)指导带动,提高气象为农服务辐射能力

定西农试站是甘肃半干旱区域的代表,承担着本市各县局和本区域各市州农业气象业务技术的指导和半干旱地区的旱作农业气象试验研究任务。近年来,定西农试站通过不断总结农业气象观测、调查和试验研究成果,建立了农业气象服务指标体系,为业务服务提供了科技支撑,使服务更有科技含量,也更加准确。以马铃薯气象服务为重点,定西市农试站开展产前、产中、产后全程系列滚动服务,并将服务产品下发到各县气象局和本区域各市州。本市各县区和本区域的各市州收到指导服务产品后,结合本地实际,及时下发服务产品,这一指导产品的下发,提高了陇中等半干旱区域的马铃薯农业气象服务的应用辐射能力。

(五)立足培训,加强气象为农服务队伍建设

要使气象为农服务工作的水平不断提高,就必须提高服务人员的业务素质。近年来,定西市气象局不放过每一次国家局和省局举办的农业气象学习机会,积极选派农业气象人员参加学习班。并针对基层气象台站人员农业气象知识薄弱的现状,根据农业气象情报预报服务和农情调查需求,加强农业气象知识的培训工作,先后多次举办全市农业气象基础知识培训班。通过培训,各县区建立了一支高效、快捷、灵敏的农情调查队伍,提高了农情调查的及时性和准确性,翔实的第一手资料使气象为农服务产品做到了有的放矢。

(六)重视推广,将最新研究成果传授给农民

为了加快农业气象科研成果的转化和推广应用工作,定西农试站边试验、边总结,通过凝练马铃薯农业气象服务集成技术,将最新农业气象试验研究成果应用到服务产品中,应用推广到示范田。本着农民需要什么就培训什么的原则,定西市气象局的农业气象技术人员将农业气象试验研究成果制作成图文并茂的培训课件,以农民为对象,以龙头企业或种植大户等新型农业经营实体为中心,用通俗易懂的语言进行培训,使农民获得新的知识和技能,从而提高产量,增加收入。

二、马铃薯农业气象服务关键技术

(一)马铃薯农业气象预报

1. 马铃薯适宜播种期预测模型

我国北方马铃薯大多数地方实行春播,当土壤 10 cm 温度稳定在 $7\sim8℃$ 以上时即开始播种。定西这种传统的马铃薯播种期在气候变暖的今天,正好使结薯和块茎膨大期处在高温时段。定西农试站近年来通过对马铃薯分期播种试验和最迟播种期限试验的总结分析,发现定西市安定区约 1900m 地域的马铃薯适宜播期较传统播期推迟 20 天到 30 天,推迟播种期,使马铃薯结薯和块茎膨大期避开或减轻了高温干旱的影响,而产量和品质明显提高。为了将这一试验研究成果得到广泛应用推广,结合区域站温度、初终霜强度和早晚资料,建立了马铃薯适宜播种期预测模型,其中海拔 $h \leqslant 2400$ m 的地域适宜播种期预测模型为:

$$Y = 145 - 7.29(0.01 \times h - 19) \tag{1}$$

海拔 $h \geqslant 2400$ m 的地域适宜播种期预测模型为:

$$Y = 145 - 7.29(0.01 \times h - 19) + (0.1 \times h - 240) \tag{2}$$

式中,Y 为马铃薯适宜播种期的日期序数(如 5 月 23 日的日期序数为 143),h 为各乡镇海拔

高度。

建立的马铃薯适宜播种期预测模型进行预测服务。从 2008 年开始,已连续 7 年向市政府和有关部门发布了细化到乡镇一级的"马铃薯适宜播种期预测气象服务产品"。预测准确,社会经济效益显著。

古人说:"凡耕之本,在于趋时。"定西农试站坚持马铃薯结薯和块茎膨大期的高温干旱灾害以躲为主,安排马铃薯农业生产时采取"趋利避害"的对策,尽可能避开或减轻高温热害的影响。可别小瞧马铃薯适宜播种期,适时播种,它将使马铃薯产量大幅增加,苗期和收获期避开霜冻,结薯和块茎膨大期躲开高温,马铃薯生育节律和气候节律相吻合。每年马铃薯的适宜播种期在按模型计算后,还需结合当年短期气候预测和土壤墒情进行调整,最后综合分析后才为发布的马铃薯适宜播种期预测产品。

2. 马铃薯结薯和块茎膨大期预报

马铃薯结薯和块茎膨大期预报是马铃薯预报服务中的重要内容。通过对块茎膨大期预报来分析马铃薯在关键期是否遭受干旱胁迫(轻、中、重),有无马铃薯晚疫病等,提前做好相关应对措施。

预报方法为积温法,通过对马铃薯各个发育时段与积温的关系,依据马铃薯苗情及气温预测值来预报某已发育期。而马铃薯播种到块茎膨大期需要 1400℃·d 左右积温。根据活动积温与马铃薯发育期之间的关系进行预测,即

$$N \cdot T = K \tag{3}$$

式中,N 为某发育期所需的时间,T 为发育期间的平均温度,K 为总积温。

3. 马铃薯晚疫病气象等级预报方法

马铃薯晚疫病气象等级预报方法:首先要确定马铃薯晚疫病的关键生育期,其次按照马铃薯田间实际观测所确定的马铃薯晚疫病轻、中、重农业气象指标进行分析判断,再次结合降水短期气候预测和周期分析、降水保证率分析等,判断降水量级大小、期间是否有连阴雨、阴雨时段长短、空气相对湿度大小等,然后对照指标确定马铃薯晚疫病预报的气象等级。此种方法简单,但预报准确。从 2007—2014 年 7 年间定西农试站对马铃薯晚疫病的预测结果来看,准确率高,在当地政府和农业部门信誉度很高。

4. 马铃薯价格预测

影响马铃薯价格预测的要素有产量、基础价格、供需关系。因此,定西马铃薯价格预测,不仅要盯着甘肃的天气,还要分析内蒙古、宁夏等马铃薯主产区的天气气候形势,分析气象因素对各地马铃薯生长的利弊,由此得出各地马铃薯的总体产量,根据供求关系,给出价格预测的建议。在市场上,知己知彼,才能有备无患,价格预测的建议,让种植大户和相关企业多了几分主动。

(二)马铃薯农业气象服务指标体系

农业气象指标是开展农业气象业务服务的重要基础,是业务发展亟待解决的基础性问题。好的农业气象服务指标是做好农业气象预报和农业气象服务产品、农业气象服务系统是否好用的关键。定西农试站在总结马铃薯农业气象田间开展试验、农业气象观测和农情调查的基础上,不断完善马铃薯服务指标体系,建立了播种期和生育关键期高温热害指标、晚疫病发生发展预测指标、苗期霜冻指标、温棚马铃薯原原种脱毒苗冻死指标、贮藏窖(库)适宜温湿指标、初秋温棚第一次盖棚指标等。

1. 马铃薯不同生育期高温热害指标

马铃薯不同生育期高温热害指标为夏季晴天播种时避开高温提供了科学依据。如定西农试站马铃薯适宜播种期生产建议中指出：据试验，当气温超过 29℃时，对马铃薯播种不利（表1），因此，种植农户要注意收听气象信息，遇晴好高温天气应在 10 时前及 16 时后播种，避免高温烧伤种芽而影响出苗（马铃薯播种期高温热害指标属首创），而这一关键指标的建立，若播种期遇到高温时段，经过调整播种时段，可安全出苗，否则因高温烧伤种薯幼芽而影响出苗率，轻则影响 30% 的马铃薯不能出苗，重则导致 70% 以上的马铃薯不能出苗，有了这一指标，合理调整播种时段，进行趋利避害，能保证一播全苗。

表1　马铃薯高温热害等级指标

发育时段	致灾因子	致灾等级		
		轻度	中度	重度
播种	播种当天地面温度 ≥29℃的小时温度总和	29~80℃·h	81~180℃·h	≥180℃·h
花序形成期	日最高气温、地面最高温度及浅层地温（线性温度）之和	800~1149℃·d	1150~1899℃·d	≥1900℃·d
开花期	日最高气温、地面最高温度及浅层地温（线性温度）之和	640~859℃·d	860~1699℃·d	≥1700℃·d
块茎膨大期	日最高气温、地面最高温度及浅层地温（线性温度）之和	620~839℃·d	840~1679℃·d	≥1680℃·d

2. 马铃薯晚疫病预测指标

马铃薯晚疫病是一种导致马铃薯茎叶死亡和块茎腐烂的毁灭性病害。晚疫病发病早晚是政府、马铃薯种植公司和种植大户非常关心及需要面对的一个重要问题。而马铃薯晚疫病发生发展与气象条件关系密切，定西市农试站把预报、监测和防治马铃薯晚疫病作为做好马铃薯气象服务的一个重点。为了建立适宜的马铃薯预测指标，定西农试站先后开展了"重茬马铃薯晚疫病与倒茬马铃薯晚疫病的对比试验研究""马铃薯当年倒茬试验研究"，并连续多年进行了马铃薯晚疫病的田间实际观测和温、湿度观测，建立了马铃薯晚疫病轻、中、重的预测指标（表2）。

表2　马铃薯晚疫病发生发展指标

项目	灾情等级	指 标
晚疫病	轻	开花后，出现 3 天连阴雨天气，空气相对湿度连续 6 小时 ≥85%，日平均气温 13~22℃，利于晚疫病发生
	中	开花后，出现 5 天连阴雨天气，空气相对湿度连续 3 天 ≥90%，日平均气温 13~22℃，晚疫病迅速蔓延
	重	开花—可收，连阴雨 ≥9 天，空气相对湿度连续 9 天 ≥95%，且多雾、露，日平均气温 13~22℃，晚疫病发生严重，从叶片、茎到地下块茎均发生，已无救药

3. 马铃薯苗期和收获期霜冻指标

霜冻也是影响马铃薯产量高低的农业气象灾害之一。对于马铃薯来说，初霜冻较终霜冻危害为重。因为调整适宜播种期后，一般情况下马铃薯在 6 月中旬左右出苗，而此时出现霜冻的概率已经很小了。对于初霜冻,气候变暖后,正常年份出现在 10 月上、中旬,马铃薯已近收获,霜冻的危害主要考虑采挖期易遭受霜冻的影响。通过对马铃薯初、终霜冻的观测、调查,得出马铃薯苗期和收获期霜冻指标(表 3)。

表 3　马铃薯苗期和收获期霜冻指标

霜冻	灾情等级	指标
苗期	轻	幼苗期地面最低温度为-1~0℃时,叶尖变褐后干枯
	中	地面最低温度≤-2℃时,50%叶片受冻
	重	地面最低温度≤-3℃时,马铃薯幼苗全部冻死
收获期已挖露天马铃薯块茎霜冻	轻	已挖出的薯块在露天堆放,-1.5~-0.5℃受冻(覆盖薯蔓的可免受其冻害)
	中	地面最低气温-2.9~-2.0℃,堆放的马铃薯表层大部受冻
	重	地面最低气温≤-3℃,马铃薯受冻,薯块变软,人已不能食用

定西市是全国最大的马铃薯脱毒种薯生产基地,其中安定区 90%以上的温棚全年大部时间进行马铃薯脱毒种薯快繁栽培。为做好温棚马铃薯脱毒苗气象服务,定西农试站开展了棚内不同区域马铃薯冠层温、湿度,5 cm 地温对比观测(图 1,表 4)。结果表明,棚南马铃薯冠层温度较棚中高 0.6℃,棚中较棚北高 0.5℃。通过试验、调查,总结出了温棚马铃薯冻害防御,轻、中、重不同等级的冻害指标,通风指标、秋季上膜和盖帘指标。指标的建立,为做好温棚马铃薯脱毒种薯服务提供了科技支撑,根据温棚马铃薯农业气象指标,当有冷空气来袭时,或发布防御指标,或发布此次冷空气来袭将可能造成温棚马铃薯受冻,建议采取相应的防护措施。

图 1　马铃薯脱毒种薯在保温被和草帘两种温棚的对比观测

表4　温棚马铃薯农业气象指标

指标	灾害指标	解释及对策
冻害轻级	当棚外最低气温达−20 ℃（棚内1 ℃）时	温棚内马铃薯停止生长 对策：在棚南端加草帘围裙，可防御冻害
冻害中级	−22～−21 ℃时为严重受冻指标（棚内−2～−1 ℃）	温棚内马铃薯部分叶片受冻 对策：棚外草帘用厚塑料包裹，并在南端加草帘围裙，可防御冻害
冻害重级	最低气温为−23℃，连续最低气温≤−20℃的负积温≤−88℃	未采取防御措施的温棚马铃薯全部冻死。当最低气温≤−23℃时，马铃薯冻死 对策：棚外用塑料包裹再加草帘围裙，棚内增浴霸灯10个左右，再搭建小拱棚等保温措施可避免冻害
开通风口	当棚外气温为−12℃（棚内温度>25℃）时，打开通风口，使棚内温度保持16～20℃	晴天时，温棚温度升温速度很快，要及时观测温棚内温度变化，温度太高会烧伤或烧死马铃薯幼苗。因此，要及时开通风口通风降温。在定西安定凤翔（35°35′N，104°36′E，海拔高度1900 m）1月份约在11时30分打开通风口为宜
初秋第一次上棚膜和草帘	正常年份初秋第一次上棚膜为12℃；上草帘一般为日平均气温为5℃左右	掌握温棚初秋第一次上棚膜和草帘的时间非常关键，秋季第一次冷空气入侵，若没有上棚膜或草帘都将棚内幼苗冻死。注意收听气象信息，及时上膜和盖草帘

（四）马铃薯农业气象服务系统

在总结马铃薯服务经验，凝练马铃薯农业气象服务指标的同时，定西农试站2010年研发了"马铃薯特色农业气象服务系统"。该系统具有主要生育期预测、产量预报、晚疫病预测以及马铃薯贮藏期间环境气象条件分析等功能，实现了历史资料查询，实况监测评价服务，预报工具集成显示，决策服务产品制作分发、评估、存储、查阅、检索、统计、下载等功能，为快速制作服务产品提供了便利。

三、马铃薯特色农业气象服务效益

定西市气象局与农业部门配合，示范推广马铃薯农业气象服务集成技术，取得了显著的社会经济效益。同时，将最新农业气象试验研究成果传授给农民，让农民真正成为农业气象试验研究成果的应用者和推广者。

（一）马铃薯农业气象服务政府认可

定西农试站准确的农业气象预报在当地政府领导心目中有了位置，对于马铃薯产前、产中和产后的滚动服务，定西市政府、农业部门和种植大户以及普通农民非常认可，同时采纳其建议来指导马铃薯生产。曾任定西市市长的许尔锋高度评价："定西市气象局的马铃薯服务很到位，我们很满意。"

（二）马铃薯农业气象服务农业部门认可

定西市农业部门高度重视农业气象预测产品，或全文转发到各县农业局，或转发到甘肃省农业信息网和定西市农业网站上，用农业气象预报来指导当地农业生产乃至全省农业生产，规避种植风险，达到防灾减灾的目的。农业气象预报引起了当地政府和新闻媒体的高度重视，先后有定西电视台、甘肃电视台、《甘肃日报》、新华日报社、甘肃电视台、《中国气象报》和中国气象频道、中国气象局网站等报道。

定西农业局副局长张振科表示,气象局跟踪马铃薯生长全程的服务很到位,令人满意,尤其是 2012 年定西农试站在马铃薯生长旺盛期发布的"马铃薯晚疫病发生发展趋势预测"非常准确,生产建议针对性很强,为全市及时防治马铃薯晚疫病提供了科学依据。

定西市农业局农业科科长李雪梅说:"2012 年马铃薯适宜播种期很准确,预报中说'2012 年 7—8 月无明显高温,高温出现在 6 月下旬',预报与实际情况相符,这种预报对安排马铃薯种植太实用了。"

(三)马铃薯农业气象服务用户认可

全国人大代表、甘肃省定西市安定区马铃薯经销协会会长刘大江说:"气象让我们受益匪浅,农民人均从马铃薯产业中获得的收入占农民人均纯收入的 40%,这种实惠,离不开气象部门! 定西气象是从农村开始,跟着土豆走的。"刘大江说,在西部这些艰苦的地方,气象部门凭着"三苦"精神(苦干、苦抓、苦管)得到老百姓的和信赖和认可。当地的气象服务首先扎根于马铃薯的种植环节。在播种季节,气象部门会给农民提供适宜的播种时机建议。遇到特殊天气情况,预报预警信息会先传递到协会,再通过协会信息平台以特殊短信的形式发布到农民和经销户手中,基本做到了"点对点"服务。

"不仅在种植环节,气象还融入马铃薯的加工、销售及良种培育的整个产业体系中。"刘大江说:"比如,在加工销售期间,马铃薯最怕冻,受冻后淀粉的含量就低。一旦接到天气变化的信息,加工部门就会马上采取保温措施,或者提前完成加工。在良种的培育环节,也是根据气象部门的提醒,遇冷时赶快在大棚放一些取暖设备。"

"这种跟踪、一体化的服务,专业、精细。"他说,"农民和气象部门多年来已经形成一种默契,我们已经形成习惯啦,基本按照他们的服务建议来走。"

马铃薯脱毒种苗培育大户李凯说:"我和李巧珍(定西市农试站站长)已经是老熟人了,听了她的建议就等于吃了一颗定心丸。"

定西市安定区庙尔坪社农民王维说:"我种了一辈子庄稼也没学会种庄稼,李巧珍站长让我们按照当年气候情况适时种植的马铃薯,产量高,我现在佩服了。"

马铃薯种薯贮藏户王西禾说:"2011 年 1 月 19 日,定西农试站站长李巧珍带领技术人员为我挽救了 1000 吨马铃薯种薯免遭冻害的重大损失。"(图 2)

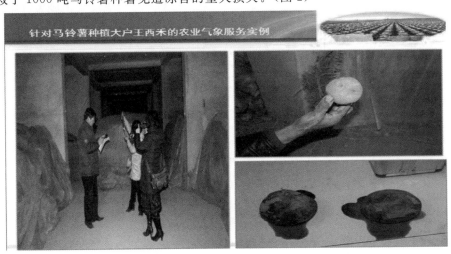

图 2 在种植大户王西禾的马铃薯贮藏库中观测种薯冻害

渭源县秦祁乡中坪村的农民牛彦锋给李巧珍站长发短信说:"非常感谢你对黑膜马铃薯的技术指导和帮助,感谢你对我们农民的大力帮助。"

定西市农业气象服务信息为政府和农业部门指导农业生产,有效应对气象灾害提供了科学依据,为保障粮食安全生产做出了突出贡献,受到党政领导、农业部门、种植大户和农民朋友的一致好评。定西市政府指出:"定西市气象局农业气象服务在全市农村经济和农业生产中发挥着日益重要的作用,尤其是细化到乡镇级的马铃薯适宜播种期预报、晚疫病预报、产量预报、初霜强度及早晚对马铃薯后期生长的影响等准确率高,所提建议针对性强,市政府非常满意,已成为指导生产、趋利避害和提高效益的一种重要手段。"2008—2010 年,定西市共推广马铃薯适宜播种期 750 万亩,平均亩增产 96 kg,总增产 7 亿 kg,增收 6.2 亿元(图 3)。曾任定西市市长的许尔锋评价:"定西市气象局的马铃薯服务很到位,我们很满意。"2013 年,渭源县秦祁乡应用马铃薯农业气象集成技术,新增产值 0.65 万 t,新增利润 520 万元。

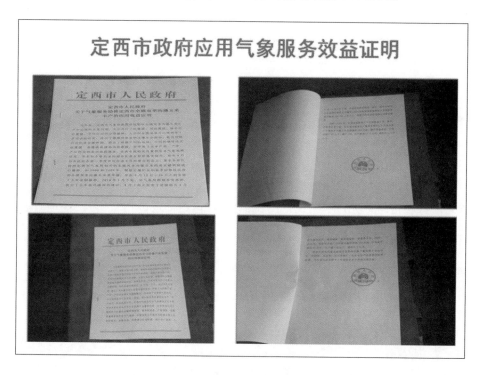

图 3　定西市政府应用气象服务效益证明

定西市气象为农服务工作经验介绍

定西市气象局　李巧珍

　　近年来,定西市气象局按照中国气象局和甘肃省气象局的安排部署,紧紧围绕农业生产和粮食安全,把气象为农服务工作放在突出位置,加强农业气象观测,开展试验研究,深化服务理念,创新服务方式,改进服务手段,丰富服务内容,扩大服务领域,提高服务效率,充分发挥了气象服务在农业生产中的指导作用,为政府和农业部门指导农业生产,有效应对气象灾害提供了科学依据,为保障粮食安全生产做出了一定的贡献,受到党政领导、农业部门、种植大户和农民朋友的一致好评。

　　一、需求牵引,服务引领,谱写气象为农服务新篇章

　　近年来,定西市气象局针对当地农业产业结构调整步伐的逐步加快,尤其是现代农业对气象服务工作提出了更新、更高的需求,秉着"老百姓的需求就是气象工作者努力的方向"的理念,紧紧围绕地方特色优势农业服务需求,积极拓宽气象为农服务领域,充分发挥了气象为农服务的职能和作用。

　　(一)调整完善农业气象观测,为业务服务奠定基础

　　农业气象观测是农业气象业务、服务和科研的基础。为了适应当地耕作制度改革的变化,进一步做好当地为农服务产品的针对性和有效性,定西市气象局针对全市农业结构调整和特色优势产业发展需求,及时调整观测作物,将岷县的观测作物春小麦调整为当归,将安定区的观测作物胡麻调整为马铃薯,辅助增加了全膜双垄沟播玉米和黄芪、党参等的观测,遇到灾害性天气时,加密观测频次和观测内容。由于当归、党参、黄芪没有观测标准,及时研究制定了观测标准,其中《当归农业气象人工观测方法》已由甘肃省质量监督局实施发布,《党参农业气象人工观测方法》地方气象标准已通过鉴定。调整完善本地的农业气象观测工作,为进一步做好农业气象服务工作打下了坚实的基础。

　　(二)扎实开展试验研究,为做好服务提供科技支撑

　　近年来,定西市气象局组织农业气象技术人员深入田间地头,进行了大量的调查分析论证,确定农业气象试验研究思路,坚持试验以解决农业生产的实际问题为出发点,强化科技创新,开展了大量的试验研究工作,从"科研业务结合不甚紧密"向"科研业务服务一体化"进行了转变,形成了一批"方法先进、精细准确"的现代农业气象指标体系,探索出了一条科技对业务服务的支撑以及科研、业务、服务相互促进、协调发展的新路子,这也成为定西市气象局气象为农服务的一大亮点。

　　1. 马铃薯适宜播种期和最迟播种期限等试验研究

　　全球气候变暖使得气候温凉的定西夏季高温时段明显变长,其中夏季日最高气温≥30℃

的日数较历年平均多了 5～8 天,个别年份多了 9～11 天,而传统种植的马铃薯结薯和块茎膨大期正好处在高温时段,高温对马铃薯产量和品质造成了严重影响。为找到马铃薯的最适宜播种期和最迟播种期,让马铃薯在结薯和块茎膨大期躲过高温,并在苗期和收获期避过霜冻,定西市气象局开展了马铃薯分期播种和最迟播种期限试验研究。试验结果表明,在气候变暖后,定西大部地方马铃薯适宜播种期应较传统播期推迟 20 天至 1 个月,这对于春旱频繁的定西地区而言无疑是个好消息。在马铃薯分期播种试验研究的基础上,定西市农试站还利用自动气象站和区域站的气象资料,对定西市不同海拔高度和纬度区域的夏季高温出现的时间、持续日数、初终霜出现早晚及其强度,结合短期气候预测,制作发布了细化到乡镇一级的马铃薯适宜播种期预测。

在适宜播种期试验成功之后,定西市气象局又开展了"重茬马铃薯晚疫病与倒茬马铃薯晚疫病的对比试验"和"马铃薯当年倒茬试验研究",并根据晚疫病与气象条件的关系,建立了预测指标,连续 4 年成功预报了晚疫病的发生趋势,为农业部门购置晚疫病防治药品和科学防治提供了依据。

2. 全膜双垄沟播玉米的试验研究

全膜双垄沟播玉米栽培技术是旱作农业的一项创造性发明。但如何才能使该项抗旱技术发挥更大的作用? 近年来,定西市气象局通过开展半膜与全膜的对比试验、全膜双垄沟播玉米不同覆膜时间的试验、全膜双垄沟播玉米不同行向的试验、膜内地温与观测场地温的对比试验以及生育关键期遇高温干旱时雄穗顶部温度与观测场温度的对比试验等,找到了全膜双垄沟播玉米适宜播种期温度指标、最佳种植行向、生育关键期高温受害指标、霜冻受害指标、适宜覆膜的土壤水分指标及适宜覆膜时间、大风揭膜指标等。这些试验研究成果在指导定西市的全膜双垄沟播玉米生产中发挥了重要作用,使该项抗旱技术的效益更加显著。

3. 马铃薯黑、白膜覆盖的增温效应对比试验

2010 年,定西市农试站在全膜双垄沟播玉米出苗率调查中,发现了同一地块黑、白膜的玉米出苗率及长势截然不同的情况后,决定在 2011 年进行黑、白膜的对比试验。这是一项主要探索黑膜和白膜不同增温保墒效应的试验,通过两种不同颜色的地膜增温保墒效应,为今后利用不同作物的喜温特性、不同海拔高度的气候特点,科学选择白色或黑色地膜来达到最佳的保温保湿效果提供依据。试验取得大量的观测数据,从试验结果来看,黑、白膜增温差异明显,打破了人们以往对黑、白膜增温差异的错误认识。利用试验研究结果,根据不同作物对热量的要求,认真分析了白膜、黑膜适宜种植的作物及适宜覆膜区和不适宜覆膜区,及时发布了《定西市 2011 年秋季最佳覆膜期预测及适宜黑、白膜覆盖的地域建议》,将覆膜风险降到最低。

4. 温棚马铃薯种薯适宜种植的农业气象指标试验

定西市是全国最大的马铃薯脱毒种薯生产基地,其中安定区大部地方 90% 以上的温棚全年大部时间在棚内进行马铃薯脱毒种薯快繁栽培。为了做好马铃薯脱毒苗在温棚内安全生产的气象服务,我们深入到棚内,采用通风干湿表观测棚内温、湿度,5 cm 地温,建立脱毒马铃薯在棚内适宜生长发育的温、湿指标,受冻防御指标和冻死指标、晚疫病发生指标等,针对不同的指标采取不同的防御措施。此外,我们还建立了种植大户的信息档案,对他们进行全程式跟踪服务,真正做到了气象服务与用户的零距离。

5. 复种豌豆,提高复种指数试验

定西市大部地方为一年一熟种植制度。气候变暖后,夏粮作物收获到初霜来临前,全市各

地剩余热量普遍较多,但没有合理开发利用。针对这一情况,定西市气象局根据不同气候年型,充分利用春小麦收获后的剩余热量资源,先后两次进行了复种豌豆"透心蓝"收获青豆的试验研究,并总结了从播种到收获青豆所需的积温和水分指标,发现海拔1600～1900 m的地域,小麦收获后,利用余热复种豌豆均能获得较高产量,并及时发布了《定西市海拔1600～1900 m地域复种豌豆的建议》的服务产品。这一试验,既改善了土壤生态环境,及时进行了作物当年倒茬,并在秋季收获了营养价值很高的无公害青豆绿色食品,而且投入产出比也高达1∶8.4,打破了定西市不能进行复种的常规。该成果不仅适用甘肃省,而且适用于西北乃至全国,应用推广前景非常广阔。

还有许多试验研究成果,这里不再一一列举。

(三)认真开展农情调查,主动掌握服务需求

做好气象为农服务工作,必须要查农需、接地气,气象为农服务不能仅仅是一个单向提供,而是一个双向互动的过程。这也是定西市气象局为农服务始终坚持的一个主要方向。为了了解农民的需要,定西市气象局经常组织农气技术人员深入田间地头,进村入户,频繁与广大种植农户和农业部门接触,展开面对面的交流,变"有什么服务什么"为"需要什么服务什么",制作了更有针对性、更精细化、更贴近农业生产的气象为农服务产品。在农业生产气象服务中建立直奔田间地头式的"直通车"。此外,定西市气象局要求全市各县区在土壤10 cm解冻后到封冻前必须每月对主要农作物和经济作物进行详细的苗情、墒情、灾情调查,出现干旱、冰雹、霜冻等灾害时要临时增加调查次数和调查内容。为了保证调查资料的准确性,市气象局先后多次举办全市农业气象基础知识培训班,通过培训,各县区建立了一支高效、快捷、灵敏的农情调查队伍,提高了农情调查的及时性、准确性。翔实的第一手资料使气象为农服务产品做到了有的放矢。尤其是在2011年定西的抗旱服务中,定西市气象局多次进行墒情普查,滚动监测旱情发展,详细记载作物受旱症状,并深入农村调查群众缺水情况,为当地决策部门组织抗旱救助应急工作提供了科学依据。受到了地方政府、农业部门、民政局等单位的一致好评。

(四)积极研发服务系统,不断提升服务水平

为了进一步加强对马铃薯种植的气象服务,以甘肃省气象局业务竞赛为推力,定西市气象局根据马铃薯农业生态和农业气象灾害指标体系,建立了马铃薯特色农业气象服务系统,该系统具有马铃薯主要生育期预测、产量预报、晚疫病预测以及马铃薯贮藏期间环境气象条件分析等功能。实现了历史资料查询、实况监测评价服务、预报工具集成显示、预报决策服务产品制作分发,具有评估、存储、查阅、检索、统计、下载等功能,为快速制作服务产品提供了便利。利用新研制的服务系统,对马铃薯进行全方位、全过程服务,服务对象由决策气象服务扩展到农户、运输、加工、销售等公众服务。服务产品有《农业重大气象服务专报》《农业气象周(旬、月)报》《农业气象专报》《农产品价格趋势统计分析》等。服务方式也由办公室里的产品发布扩展到田间地头的指导和交流。准确的预报和精细化的服务赢得了政府和农民的高度赞扬。曾任定西市市长的许尔锋评价道:"定西市气象局的马铃薯服务很到位,我们很满意。"

(五)注重增强产品针对性、时效性和准确性,努力提升服务质量

农业气象情报、预报服务产品的针对性、时效性和准确性是提高气象服务质量的关键。每年初,我们根据当年气候特点,谋划全年服务工作重点,及时调整周年农业气象服务方案内容。产品内容大到作物适宜播种期预测、产量预报、主要病害预测、旱情分析、初霜出现早晚及强度预测、马铃薯价格预测、水库水窖最佳蓄水期、农业气象条件对作物主要生育期的影响分析、马

铃薯贮藏期的气象适宜度分析、设施农业气象服务等,小至根据不同气候类型细化到乡镇一级的具体播种期预报、根据播种当天天气情况确定马铃薯一天内具体种植时段、根据小麦千粒重及当年的土壤水分状况确定当年的最佳下籽量、根据作物不同的受灾程度进行分类指导生产措施等。对马铃薯,全膜双垄沟播玉米,冬、春小麦,中药材等都做到了产前、产中、产后的全程滚动系列气象服务。为了提高服务质量,服务产品一般由经验丰富、业务素质高的同志撰写。一些重要、时效性强的产品及时通过电子显示屏、村村通大喇叭、手机短信等方式传到农户手中。快速、及时、准确、针对性强的服务,深受领导干部和农民群众的欢迎。

二、积极主动、贴心服务,特色气象为农服务惠民生

正是由于定西市气象部门精确的、贴心的气象为农服务工作,让农作物种植增收的同时,还让农民的劳动成果有了更为丰厚的报酬。

2008 年 8 月 30 日,定西市气象局农气人员在走访定西市爱尔兰马铃薯种植有限公司,并询问他们对气象服务有何需求时,公司副总经理杨新俊感慨地说:"今年最怕初霜来得早,我想用杀青素对马铃薯杀青,让其提前成熟。"农气调查人员赶忙告诉杨总说:"先不要买杀青素,我们会按你的要求尽快做详细服务产品的。"通过认真分析初霜的历史资料、求算初霜 80% 保证率出现日期、结合大气环流形势等综合分析,定西市气象局于 9 月 12 日制作发布了《定西市 2008 年初霜冻出现日期及对马铃薯危害程度预测》,明确指出了 2008 年初霜出现日期较常年偏迟半个月左右,且强度较轻,对马铃薯的后期生长和收获无大的影响。预报与实际情况基本相符,初霜出现日期普遍偏迟半个月左右,强度较轻。据定西市农试站 2008 年对安定旱地马铃薯加密观测资料分析结果显示,推迟半个月收获,亩产量增加 780 kg。

农气人员在 2008 年大田调查中发现,一些农民为了将马铃薯卖个好价钱,在 9 月下旬到10 月上旬马铃薯正生长的时候,将其提前采挖上市,这不仅影响马铃薯的产量,而且还影响其品质,针对这一实际情况,2009 年我们在紧盯当地天气的同时,还一直关注着内蒙古等国内马铃薯主产区的气候变化情况,预测当年内蒙古等地马铃薯因高温干旱而减产,并通过认真分析影响马铃薯价格主要因素:一是当地马铃薯产量和品质;二是内蒙古马铃薯的产量和品质、全国供求量等,于 9 月 29 日发布了《定西市 2009 年马铃薯价格预测》。预测服务产品中明确指出 2009 年马铃薯的价格是近年来较好的一年,较 2008 年涨了 0.07～0.10 元/斤[①],建议农民不要提前采挖。10 月 18 日再次调查时,马铃薯价格预测准确,涨幅已经达到了 0.10 元/斤,农民群众得到了真正的实惠。

2010 年 4 月 17 日早播的全膜双垄沟播玉米亩产仅为 323 kg,而 4 月 28 日适宜播种时段播种的亩产为 708 kg,5 月 8 日次适宜时段播种的亩产为 619 kg。2011 年定西遭遇历史罕见的干旱,全膜双垄沟播玉米适宜播种期亩产量达 600 kg 左右,是传统播期的 2～8 倍,百粒重为 37.14 g,是传统播期的 2.5 倍。全膜双垄沟播玉米分期播种试验研究成果使该项抗旱技术增产效果有了新的突破。近 3 年,定西市虽经历了罕见的高温干旱、暴洪、冰雹等自然灾害,但其粮食总产量逐年增加,2008—2010 年来共推广全膜双垄沟播玉米适期播种 384 万亩,增产效益明显,总产增加 24.9 万 t,增加收入 5.4 亿元。

诸如此类的服务效益事例还有很多,这也是近年来定西市气象局成功运用气象服务农业的一个"缩影"。

---

① 1 斤＝0.5 kg,下同。

三、总结经验、巩固成果，实现为农服务经验长效化

定西市气象局按照发展"高产、优质、高效、生态、安全"的现代农业目标，坚持了"超前、快速、全面、准确"的服务理念，增强了气象为农服务工作的针对性、有效性和主动性，更好地满足了"三农"对气象服务的新需求，走出了一条具有定西特色的气象为农服务新路子。为了进一步探索和建立气象为农服务的长效机制，对近年来一些好的成果进行了梳理归纳，对一些成功的、行之有效的好经验进行了认真总结。

（一）完善农气观测，是做好气象为农服务的基础

农业气象观测是农业气象业务、服务、科研的基础。为了进一步做好当地为农服务产品的针对性和有效性，要结合当地种植制度改革的变化，及时调整和增加观测作物和观测项目，研究制定相应的观测标准，以及制定相应的观测薄、表，并开发相应的业务服务系统，为进一步做好农业气象服务工作打下坚实的基础。

（二）开展特色服务，是做好气象为农服务的重要出发点

为农服务在于"特"不在于多，需要在众多为农服务中，寻求一些特色；在于精而不在于广，需要在做好方方面面的同时，突出一些亮点；在于细而不在于粗，需要做细做实，真正服务于农民的需求。为农服务要紧扣地方的需要，与当地的优势产业结合起来，同时也要与当地的自然灾害特点结合起来。

（三）开展试验研究，是做好气象为农服务的途径

农业气象涉及面广，研究周期较长，部分现代农业气象服务指标仍需通过试验来建立、验证、完善，否则难以满足现代农业发展的需求。农业气象试验研究要始终坚持以生产需求为目的，开展应用性试验；农业气象工作者要深入田间地头或进村入户，向农民宣传农业气象试验研究成果和如何正确应用农业气象服务信息；要充分发挥农业气象试验站的试验、示范、推广功能，提升气象为农服务的科技支撑能力。

（四）开展农情调查，是做好气象为农服务的根本

农业气象服务要始终坚持深入田间地头，进村入户，进行调查研究，掌握最新最准确的第一手资料，只有知农时、懂农事、查农需、接地气，才能提高为农服务的针对性和有效性，才能做出正确的决策服务产品。切忌闭门造车、因循守旧等经验做法。

（五）强化责任意识，是做好气象为农服务的保证

农业气象服务没有固定的模式和内容，要做好农业气象服务，要求服务人员有强烈的事业心和责任感，要真正做到以农民为中心，急农民所急，想农民所想，要善于发现农业生产中的需求和服务中的不足，积极主动给自己找事干。

由于每年的气候型态是不一样的，特别是随着全球气候变暖，各种极端天气气候事件频繁发生，所以开展气象为农服务必须要根据当年气候特点，结合土壤水分贮存等情况，建议农民如何规避气候风险，减少损失，实现增收。比如今年适合种什么？何时种？下籽量是多少？适宜播种期、冬灌期是什么时候？所以说，农业气象服务从来就没有固定的模式，需要根据气候特点不断做出调整。这就要求服务人员必须拿出全部的激情和热情，拿出高度的事业感和责任心，兢兢业业、踏踏实实、认真细心、一丝不苟做好服务。

（六）提升业务素质，是做好气象为农服务的关键

在现代农业发展需求牵引和现代气象业务体系快速发展的形势下，建设一支具有高素质、精通农气专业的农业气象服务人员是做好气象为农服务工作的关键。如果农气技术人员业务

能力不强，本领不硬，制作的服务产品没有针对性，也就无法推广使用。因此，农业气象服务人员要始终坚持勤练内功，抓住平时知识的积累，求新知、求创新。农气服务工作者要不断总结气象为农服务的经验，收集整理气象、农业气象和农业相关资料，尤其是要收集整理农业气象灾情资料，凝练适合当地的不同作物、不同生育时段的光、温、水、墒情等农业气象服务指标，研究气象为农业服务的方法和手段，不断提高气象为农服务能力。除通过自身学习外，还要适时对农气技术人员，特别是对基层一线农气服务人员集中进行业务培训。只有服务本领增强了，业务素质提高了，才能不断提高农业气象预报准确率、不断提高气象为农服务产品的质量、不断提高社会公众的信誉度。

气候变暖后马铃薯生产中的适应性对策

定西市气象局　李巧珍

摘　要:马铃薯是喜凉作物,全国适宜生长马铃薯的地域大都气候凉爽,然而随着气候变暖的加剧,这一马铃薯优越的适宜生长的自然条件发生了变化。据甘肃省气象局的统计数据显示,近 50 年甘肃省年平均气温升高了 1.1℃,其中河东地区平均上升了 0.9℃,升温幅度远高于全国平均水平。而位于陇中地区的定西市从 1981—2010 年的年平均气温与 1957—1981 年的年平均气温相比,增温 0.6℃。气候变暖导致定西夏季高温时段明显变长,夏季超过 30℃以上的高温日数屡创新高,个别年份达到 13～21 天,高温对马铃薯造成严重的影响。通过试验研究,采取调整马铃薯适宜播种期等应对气候变暖背景下马铃薯生产中的适应性措施,来解决气候变暖引起马铃薯生长的突出问题。

关键词:气候变暖;马铃薯;生产;问题;对策

马铃薯是新世纪我国最有发展前景的高产经济作物之一,同时也是十大热门营养健康食品之一,全世界有三分之二以上的国家种植马铃薯,产量达 30 亿吨左右,仅次于小麦、玉米、水稻,居第四位。马铃薯营养丰富,素有"地下苹果""第二面包"之称。据美国权威机构报道,只食用全脂奶粉和马铃薯制品,就能提供人体所需的一切营养成分,因此,马铃薯将是世界粮食市场上一种主要食品。2015 年我国把马铃薯列为第四大主食。

中国马铃薯每年的种植面积为 8000 万亩,年产量 8000 万吨,均居世界前列。而甘肃省每年马铃薯的种植面积超过千万亩,年产鲜薯在 1300 万吨以上,年外销在 33 万吨以上,居全国各省区之首,占全国总产量的 11%。被中国农学会特产经济专业委员会命名为"中国马铃薯之乡"的定西市既是甘肃省马铃薯生产的优质主产区,又是全国三大马铃薯生产基地之一。

马铃薯是喜凉作物,全国适宜生长马铃薯的地域大都气候凉爽,定西市温凉的气候正是优质马铃薯生长的基础。然而随着气候变暖的加剧,这一优越的自然条件发生了变化。据甘肃省气象局的统计数据,近 50 年甘肃省年平均气温升高了 1.1℃,其中河东地区平均上升了 0.9℃,升温幅度远高于全国平均水平。而位于陇中地区的定西市从 1981—2010 年的年平均气温与 1957—1981 年的年平均气温相比,增温 0.6℃。气候变暖导致定西夏季高温时段明显变长,夏季超过 30℃以上的高温日数屡创新高,个别年份达到 13～21 天。马铃薯之乡的定西市安定区近 18 年 6—8 月 5 cm 平均地温较前 37 年增加 3.6℃,10 cm 地温增加了 3.1℃,说明自 1995 年后,夏季地温明显偏高。按传统播期播种的马铃薯,正好在结薯和块茎膨大期处在高温时段,高温不仅影响马铃薯的结薯和块茎膨大,造成大幅减产,而且还导致马铃薯品质差、商品交换率低等不良后果。

1 气候变暖引起马铃薯生长的突出问题

随着全球气候变暖,定西气候也发生了很大的变化,夏季高温时段明显变长,向来喜温凉的马铃薯已经难以适应这样的气候环境,4月上旬到5月上旬传统播种期播种的马铃薯结薯和块茎膨大期的正好处在高温时段,而此时土壤温度超过了25℃,光合作用剧烈降低,茎叶和块茎生长严重受阻,块茎周皮组织木栓化并停止生长。这种情况即使在后期遇雨天气转凉,植株恢复生长,地上部的有机养分继续向块茎输送,而木栓化了的周皮组织限制了块茎的

图1　畸形薯块

增长,只好在块茎顶部和组织幼嫩的部分继续生长,从而形成了各种畸形薯块(图1),降低了马铃薯的产量和品质,尤以地膜马铃薯严重。个别年份产量大幅下降,并因高温造成马铃薯品质退化(如2002年、2006年、2011年、2015年等)。高温干旱是制约甘肃省乃至我国北方大部地方马铃薯产量不稳和品质下降的主要因素。因此,遵循气候变化规律,合理安排马铃薯适宜播种期是定西市乃至甘肃省夺取马铃薯优质高产的重要途径之一。

2 气候变暖后马铃薯生产中的适应性对策

2.1 开展试验研究,调整马铃薯适宜播种期

为了解决气候变暖给马铃薯生产中带来的不适应问题,定西市气象局近年来围绕气候变暖后马铃薯生产中存在的实际问题,从2007年开始先后对马铃薯进行了分期播种和最迟播种期限的试验研究,黑、白膜全覆盖双垄侧播马铃薯增温效应试验、马铃薯倒茬与不倒茬晚疫病害影响程度试验、黑膜全覆盖双垄侧播马铃薯分期播种试验等。试验结果显示,播期对马铃薯生育期有着明显的调节作用。最早播种(4月26日)的全生育期为169 d,最晚播种(7月11日)的全生育期为95 d,播期每向后推迟15 d,全生育期平均缩短12 d。对不同播期下干物质随时间积累过程比较,7月11日播期的干物质积累量最少,5月27日播期的干物质最多;随着播期的推迟,单株干物质最大积累速率出现的时间提前,这表明延迟播种加快了单株干物质量的积累进度。从最大积累速率来看,其中5月27日播期的最大,4月26日播期的最小。通过分析试验结果,找到了气候变暖后的定西市马铃薯最适播种期与最迟播种期限,最适播种期较传统播种期推迟约20天到1个月,最迟播种期在7月上旬前。这样既可以避开高温时段,有利于马铃薯的结薯和块茎膨大,又躲过了苗期和收获期的霜冻危害。

2.2 加强合作,努力提高农业、气象防灾减灾的合力

如何躲高温?如何在马铃薯生产中进行防灾减灾?为农业服务历来是气象部门的重点,气象工作在农村经济和农业生产发展中正在发挥日益重要的作用。实践证明,气象工作已经成为定西市政府指挥生产、发展经济、趋利避害、提高效益的一种重要手段,越来越受到重视。因此,气象部门要结合短期气候预测,制作细化到乡镇一级的马铃薯适宜播种期预测,开展马铃薯产前、产中、产后各个环节的系列化服务,努力提高预测预报准确率。农业部门按照气象部门的预测结论,指导农户在马铃薯适宜播种期里进行播种,要大力做好宣传,避免因农民工外出打工而将马铃薯提前下种,使马铃薯生育关键期正好处在高温时段,造成不必要的损失。气象与农业部门要建立健全联合会商机制,互相派出管理和技术人员参加联合会商会议,加强

苗情、墒情、病虫情、灾情监测和调度,完善监测预警体系,及时预测预报农业气象灾害发生区域和程度,提早发布预测预警信息,为领导决策和农民科学防灾减灾提供科学依据。

2.3　加强气象为马铃薯服务,把预报预测能力提高到一个新水平

做好气象为马铃薯服务工作,要加强农业气象试验研究,不断提升高温干旱、霜冻、连阴雨等重大天气的监测预警和预报能力,根据马铃薯生产需求,延长预报时效,提高预报准确率和服务质量。要重视气候变化对马铃薯生产的影响,加强气候和气候变化的监测、预测和研究工作,努力提高长期天气趋势预报准确率,提出马铃薯生产中趋利避害的对策,增强马铃薯生产应对气候变化的能力。积极探索气候变暖对马铃薯覆膜区域、覆膜颜色和布局的影响,示范推广马铃薯农业气象集成技术,提高气候资源利用率。充分利用区域气象站、自动土壤水分仪、农田小气候仪、温棚环境气候监测、实景监测、卫星遥感、ArcGIS 计算机软件等现代化设备、网络和部门优势,为马铃薯生产决策提供科学依据。要不断拓宽气象为马铃薯服务领域,完善定西马铃薯气象为农服务微信平台,向贫困边远农村宣传定西马铃薯微信平台的应用,提高贫困地区防御马铃薯气象灾害的能力。

2.4　加强培训和宣传,提高农民识别和防御马铃薯病害的能力

常言道,授人以鱼,不如授人以渔。要加大对边远贫困农民的培训力度,深入贫困农村,进行需求调研,本着农民需要什么就培训什么的原则,将马铃薯农业气象试验研究成果制作成图文并茂的培训课件,用通俗易懂的语言进行培训,尤其针对马铃薯病害图片,要让农民能够分辨清楚不同的病害与气象条件的关系,教会农民把握防御马铃薯晚疫病等病害的时间、药水配置和喷药方向,使农民能对症下药,科学施药,通过培训获得新的知识和技能,从而提高马铃薯产量和品质,增加收入。

3　结论

气候变暖后马铃薯传统播期对其产量和品质均造成了严重影响,通过调整马铃薯适宜播种期及提高预报预测能力、加强气象与农业的合作、加大对农民应用农业气象试验研究成果的宣传和培训等有效措施来应对气候变暖给马铃薯生产中带来的影响,可提高马铃薯产量和品质,达到防灾减灾的目的。

黑膜全覆盖双垄侧播马铃薯农业气象
人工观测方法

(DB62/T 2570—2015)

1 范围

本标准规定了黑膜全覆盖双垄侧播马铃薯生长过程中物理要素和生物要素的观测和记载。

本标准适用于黑膜全覆盖双垄侧播马铃薯的农业气象人工观测。

2 规范性引用文件

下列文件对于本文件的应用是必不可少的。凡是注日期的引用文件,仅注日期的版本适用于本文件。凡是不注日期的引用文件,其最新版本(包括所有的修改单)适用于本文件。

国家气象局. 农业气象观测规范. 北京:气象出版社,1993.6

3 术语和定义

下列术语和定义适用于本文件。

3.1

观测地段 observation site

黑膜全覆盖双垄侧播马铃薯生育状况观测的地块。

3.2

发育期观测 observation of development stages

根据黑膜全覆盖双垄侧播马铃薯植株外部形态变化,观测记载从播种到收获的各发育期出现的日期。

3.3

生长状况评定 assessment of growth status

根据黑膜全覆盖双垄侧播马铃薯的长势、长相和影响产量的各主要因素,综合目测评定黑膜全覆盖双垄侧播马铃薯群体生长状况。

3.4

植株密度测定 determination of plant density

对单位土地面积上黑膜全覆盖双垄侧播马铃薯植株数量进行测定。

3.5

大田生育状况 situation of crop growth in field

综合反映本区域县(市、区)不同生产水平田地上的黑膜全覆盖双垄侧播马铃薯生长状况。

4 观测的组织

4.1 观测的基本要求

4.2 平行观测

一方面观测黑膜全覆盖双垄侧播马铃薯生长环境的物理要素(包括气象、土壤温度、湿度等要素),另一方面观测黑膜全覆盖双垄侧播马铃薯的生育进程、生长状况、产量与品质形成。

4.3 点面结合

既要有相对固定的观测地段进行系统观测,又要在黑膜全覆盖双垄侧播马铃薯生育的关键时期和气象灾害、病虫害发生时进行较大范围的农业气象调查,以增强观测的代表性。

4.3.1 规章制度

明确专人负责,并保持相对稳定。观测人员要严格执行观测规范和有关技术规定,严禁推测、伪造和涂改记录;不得缺测、漏测、迟测、早测和擅自中断、停止观测;记录字迹要工整。

4.4 观测地段

4.4.1 观测地段选择的原则和要求

观测地段应符合以下原则和要求:

a) 观测地段须具有代表性。地段要代表当地一般地形、地势、气候、土壤和产量水平及主要耕作制度,并保持相对稳定。为使观测资料具有连续性,可根据当地的耕作制度选定多个观测地段并进行编号,每年的黑膜全覆盖双垄侧播马铃薯观测都在这些地段进行。为增强观测的代表性,应在所在的县(市、区)区域内增加观测调查点。

b) 观测地段面积一般为 1 hm²,不小于 0.1 hm²。确有困难可选择在黑膜全覆盖双垄侧播马铃薯成片种植的地块上。

c) 观测地段应尽量避免小气候影响,观测地段距林缘、建筑物、道路(公路、铁路)、水塘等应在 20 m 以上,应远离河流、水库等大型水体,尽量减少小气候的影响。

d) 黑膜全覆盖双垄侧播马铃薯大田生育状况调查点,应选择能反映全县(市、区)黑膜全覆盖双垄侧播马铃薯生长状况和产量水平的不同类型的地块,并保持相对稳定。农业气象灾害和病虫害的调查应在能反映不同受灾程度的地块上进行。

e) 选择黑膜全覆盖双垄侧播马铃薯观测地段应与土地使用单位或个人取得联系,明确要求,并应保持相对稳定。

4.4.2　观测地段分区

将观测地段按其地块形状分成大致相等的 4 个区,作为 4 个重复,按顺序编号,各项观测在 4 个区内进行。为便于观测工作的进行,要绘制观测地段分区和各类观测点的分布示意图。

4.4.3　观测地段资料

4.4.3.1　观测地段综合平面示意图的内容

示意图应包括以下内容:

a)　该站所有黑膜全覆盖双垄侧播马铃薯观测地段的位置、编号。

b)　气象站的位置。

c)　气候观测场和观测地段的环境条件,如村庄、树林、果园、山坡、河流、渠道、湖泊、水库及铁路、公路和田间大道的位置。

d)　其他建筑物和障碍物位置。

4.4.3.2　观测地段说明

对所选定的观测地段逐一编制地段情况说明,内容包括:

a)　地段编号。

b)　地段土地使用单位名称或个人姓名。

c)　地段所在地的地形(山地、丘陵、平原、盆地)、地势(坡地的坡向、坡度等)及面积(公顷)。

d)　地段距气候观测场的直线距离、方位和海拔高度差。

e)　地段环境条件。与房屋、树林、水体、道路等的方位和距离。

f)　地段的种植制度。包括熟制、前茬作物和间套作物名称等。

g)　地段灌溉条件。包括有无灌溉条件、保证程度及水源和灌溉设施。

h)　地段地下水位深度。记">2 m"或"≤2 m"。

i)　地段土壤状况包括土壤质地(沙土、壤土、黏土等)、土壤酸碱度(酸、中、碱)和肥力(上、中、下)情况。

j)　地段的产量水平。分上、中上、中、中下、下五级记载,约高于当地近几年平均产量20%为上;高于平均产量 10%~20%为中上;相当于平均产量为中;低于平均产量10%~20%为中下;低于平均产量 20%为下。

4.4.3.3　观测地段资料存档

观测地段综合平面示意图和地段情况说明,按照台站基本档案的有关规定存档,观测地段如重新选定,应编制相应的地段资料。

5　发育期观测

5.1　发育期观测的一般规定

5.1.1　观测品种

观测的黑膜全覆盖双垄侧播马铃薯品种应是当地普遍推广的优良品种,应记载黑膜全覆盖双垄侧播马铃薯的熟性、大田栽培方式等。

5.1.2　播种期要求

播种期应选在当地适宜或普遍播种的时期。如因气候原因或耕作改制,当年播种普遍提早或推迟,黑膜全覆盖双垄侧播马铃薯的播种也应随之提早或推迟。

5.1.3　观测次数和时间

5.1.3.1　黑膜全覆盖双垄侧播马铃薯发育期一般两天观测一次,隔日或双日进行,但旬末应进行巡视观测。

5.1.3.2　规定观测的相邻两个发育期间隔时间较长,在不漏测发育期的前提下,可逢 5 和旬末巡视观测,临近发育期恢复隔日观测。

5.1.3.3　观测时间一般定为下午。

5.2　观测地点的选定

5.2.1　测点位置

在观测地段 4 个区内,各选有代表性的一个点,做上标记,并按区顺序编号,发育期观测在此进行。测点之间应保持一定的距离。为增强代表性,各区测点位置交错排列,使之纵横都不在同一行上,测点距田地边缘的最近距离不能小于 2 m,面积大的地段应更远些,以避免边际影响。切勿将测点选在地头、道路旁和入、排水口处。

5.2.2　选定时间

一般在黑膜全覆盖双垄侧播马铃薯出苗后,下一发育期出现前进行。

5.2.3　测点面积

宽为 2~3 行,每行长可包括 15~20 穴。

5.2.4　观测植株选择

每个测点连续固定 5 穴。

5.3　发育期的确定

5.3.1　当观测植株上出现某一发育期特征时,即为该个体进入某一发育期。黑膜全覆盖双垄侧播马铃薯群体进入发育期,是以观测的总株数中进入发育期的株数所占的百分率确定的。进入某一发育期的株数第一次大于或等于 10% 为发育始期,大于或等于 50% 为发育普遍期,大于或等于 80% 为发育末期。一般发育期观测到 50% 为止。

5.3.2　发育期百分率计算。首先统计观测总株数,再观测其中进入发育期的株数,求出百分率,记载时取整数,小数四舍五入。每一发育期第一次观测时先要统计观测穴内的总株数。计算公式:

$$发育期百分率(\%)=\frac{进入发育期的株数}{观测总株数}\times100\% \tag{1}$$

5.3.3　特殊情况处理

5.3.3.1　因品种等原因,进入发育期的植株达不到 10% 或 50% 时,观测到该发育期的植株数连续观测 3 次总增长量不超过 5% 为止,因气候原因所造成的上述情况,仍应观测记载。

5.3.3.2　如某次观测结果出现发育期百分率有倒退现象,应立即重新观测,检查观测是否有误或观测植株是否缺乏代表性,以后一次观测结果为准,并分析记载原因。

5.3.3.3　因品种、栽培措施等原因,有的发育期未出现或发育期出现异常现象,应予记载。

5.3.3.4　固定观测植株失去代表性,应在观测点内重新固定植株观测,当测点内植株有 3 株或以上失去代表性时,应另选测点。

5.3.3.5　在规定观测时间遇到有妨碍进行田间观测的天气或旱地灌溉,可推迟观测,过后应及时进行补测。如出现进入发育期百分率超过 10%、50% 或 80%,则将本次观测日期相应作为进入始期、普遍期或末期的日期。

5.3.3.6　以上情况出现或处理情况应记入备注栏。

5.4　黑膜全覆盖双垄侧播马铃薯观测的发育期及其标准

　　a)　播种期:黑膜全覆盖双垄侧播马铃薯播种的日期。
　　b)　出苗期*:幼苗露出土壤表面。
　　c)　分枝期:基部叶腋间生出侧芽,长约 1.0 cm。
　　d)　花序形成期:在主茎顶部叶腋间开始出现第一轮花序,花蕾长约 2.0 mm。
　　e)　开花期:主茎顶部的花开放。
　　f)　可收期*:茎叶开始凋萎,植株基部叶子干枯,变为褐色。
　　注:标有 * 的项目为目测项目,观测以目测判断 50% 的植株进入发育期的日期为准。

6　生长状况测定

6.1　测定时期和项目

　　在分枝期和可收期测定马铃薯的高度和密度。

6.2　生长高度的测定

　　植株生长高度是衡量黑膜全覆盖双垄侧播马铃薯生长速度的标志之一,在黑膜全覆盖双垄侧播马铃薯生育期间,于分枝期和可收期进行高度测量。

　　a)　在发育期观测点附近,选择植株生长高度具有代表性的地方进行。测点须距田地边
　　　　缘 2 m 以上。

　　b)　植株选择:每个测点连续取 10 株,4 个测点共 40 株。个别植株折断或死亡时,应补
　　　　选。测点中有 3 株或 3 株以上失去代表性时,则该测点植株应全部另选,并在备注栏
　　　　注明。

　　c)　测量方法:植株高度测量从土壤表面或地膜表面量至主茎顶端(包括花序)或花序顶端。

高度测量以 cm 为单位,小数四舍五入,取整数记载。

6.3　植株密度测定

　　在分枝和可收期测定单位面积上的总株数,以每平方米株数表示。密度测定运算过程及
计算结果均取二位小数。

6.3.1　密度测定地点

　　第一次密度测定时在每个发育期测点附近,选有代表性的 1 个测点,做上标志,每次密度测
定都在此进行。测点需距田地边缘 2 m 以上。如测点失去代表性时,应另选测点,并注明原因。

6.3.2　密度测定方法

　　测定单位面积上的总株数,以每平方米株数表示。密度测定运算过程及计算结果均取二
位小数。

　　a)　1 m 内行数:每个测点量出 5 个带(大垄和小垄称一带)的宽度或量出 10 个行距(1～
　　　　11 行)的宽度,以 m 为单位取二位小数,然后数出行距数,4 个测点总行距数除以所
　　　　量总宽度,即为平均 1 m 内行数。

　　b)　1 m 内株数:每个测点连续量出 10 个穴距的长度,即量出 1～11 穴的长度,数出其中
　　　　的株数,各测点株数之和除以所量总长度,即为 1 m 内株数。

　　c)　$1 m^2$ 的株数:$1 m^2$ 的株数＝平均 1 m 内的行数×平均 1 m 内的株数。

6.4　生长状况评定

6.4.1　评定时间和方法

　　在黑膜全覆盖双垄侧播马铃薯的每个发育普遍期进行评定。以整个观测地段全部黑膜全
覆盖双垄侧播马铃薯为对象,与较大范围对比、历年与当年对比,综合评定黑膜全覆盖双垄侧
播马铃薯生长状况的各要素,采用划分苗类的方法进行评定。前后两次评定结果有改变时,要
注明原因。

6.4.2　评定标准

　　马铃薯生长状况评定标准见表 1。

表 1   马铃薯生长状况评定标准

苗情类别	评 定 标 准
一类	植株生长状况优良。植株健壮,密度均匀,高度整齐,叶色正常,花序发育良好。没有或仅有轻微的病虫害和气象灾害,对生长影响极小。预计可达到丰产年景的水平
二类	植株生长状况较好或中等。植株密度不太均匀,有少量缺苗断垄现象。生长高度欠整齐。植株遭受病虫害或气象灾害较轻。预计可达到平均产量年景的水平
三类	植株生长状况不好或较差。植株密度不均匀,植株矮小,高度不整齐。缺苗断垄严重。病虫害或气象灾害对植株有明显的抑制或产生严重危害。预计产量很低,是减产年景

6.5   大田生育状况观测调查

6.5.1   观测调查地点

在本县(区、市)区域内,黑膜全覆盖双垄侧播马铃薯高、中、低产量水平的地区选择三类有代表性的地块(以观测地段代表一种产量水平,另选两种产量水平地块)。也可结合农业部门苗情调查或分片设点进行。

6.5.2   观测调查时间和项目

在观测地段黑膜全覆盖双垄侧播马铃薯进入花序形成期的发育普遍期后3d内进行。观测调查黑膜全覆盖双垄侧播马铃薯所处的发育期、高度、密度。

6.5.3   调查方法

各项调查方法参照本标准有关规定进行。其中调查黑膜全覆盖双垄侧播马铃薯所处的发育期是按未进入某发育期、发育始期、普遍期、发育期已过,进行目测记载。每个调查点可只取两个重复。

播种期、可收期、产量等项可直接向土地使用单位或个人调查补记。

7   生长量的测定

7.1   测定时期和项目

马铃薯生长量的测定是在间隔一定时间(或发育期),采挖一定数量具有代表性的植株,测定其叶面积和马铃薯干物质重量(简称干物重),具体测定时期见表2。

表 2　马铃薯叶面积、干物重测定时期

项目	测 定 时 期			
叶面积	分枝期	花序形成期	开花期	
干物重	分枝期	花序形成期	开花期	可收期

7.2　取样

马铃薯叶面积和干物重同时测定,一次田间取样,叶面积和干物重分别测定进行,取样时间在上午植株露水或雨水蒸发后进行。

7.3　叶面积测定方法

面积(系数)法:马铃薯叶片较多,因此,采用分等级按比例取样,按叶片大小分 5 组,每组抽取一片,量出绿色叶片的长度和宽度,将长度和宽度之积乘以每组数量再乘以校正系数,马铃薯的校正系数取 0.75。

a)　单株叶面积(cm²)=单株上各叶片长宽乘积之和与校正系数之积,以 S_1 表示:

$$S_1 = \sum_{i=1}^{n} L_i \times D_i \times k \tag{2}$$

式中:

S_1 ——单株叶面积(cm²);

L_i ——叶片的长度;

D_i ——叶片的最大宽度;

k ——马铃薯的叶面积校正系数。

b)　1 m² 叶面积(cm²):单株叶面积 S_i 与 1 m² 株数之积,以 S_2 表示:

$$S_2 = S_1 \times N \tag{3}$$

式中:

S_2 ——1 m² 叶面积(cm²);

S_1 ——单株叶面积;

N ——马铃薯 1 m² 的株数。

c)　叶面积指数:单位土地面积(S)上绿色叶面积的倍数,以 LAI 表示:

$$LAI = \frac{S_2}{S} \tag{4}$$

式中:

LAI ——叶面积指数;

S_2 ——1 m² 叶面积(cm²);

S ——单位土地面积,取 10000 cm²。

7.4　干物质重量测定方法

a)　黑膜全覆盖双垄侧播马铃薯干物质重量的测定是从分枝期开始到可收期的每个发育

普遍期进行,在每个测点选取具有代表性的 1 株共 4 株,用铁锨采挖,用塑料薄膜包好,避免植株体内水分蒸发,取样结束后拿到室内,将地上和地下部分分别用感量 0.01 g 的电子天平称其鲜重进行记录,并分别装入牛皮纸袋中。

b) 样本烘干、称重:将样本袋放入恒温干燥箱内加温,第一小时温度控制在 105℃ 杀青,以后维持在 80℃ 恒温下 6~12 h 后进行第一次称重,以后每小时称重一次,当样本前后两次重量差≤5‰,该样本不再烘烤。

c) 计算:

(1)株总重(g):地上部分和地下部分鲜、干重除以样本数 4,其地上和地下部分的合计为株鲜干重。

(2)含水率(%)

$$器官或株含水率 = \frac{分器官或株鲜重 - 干重}{分器官或株鲜重} \times 100\% \tag{5}$$

(3)生长率(g/m² · d):1 m² 土地上每日干物质增长量

$$生长率 = \frac{本次测定分器官或株的总干重 - 前一次测定分器官或株的总干重}{两次测定间隔日数} \tag{6}$$

8 地温测定

从黑膜全覆盖双垄侧播马铃薯开花始期后,连续测定 20 天 5 cm、10 cm、15 cm、20 cm 地温,要求每天 08 时、14 时、20 时前 10 min 采用便携式测温仪,在黑膜全覆盖双垄侧播马铃薯的株间进行测定、记录。条件允许的地方,可选用自动土壤温度仪进行全生育期连续观测。

9 产量结构分析

9.1 产量结构分析的一般规定

9.1.1 产量结构分析的时间

在黑膜全覆盖双垄侧播马铃薯收获期,收获前在观测地段 4 个区取样。及时进行产量分析。

9.1.2 分析项目

黑膜全覆盖双垄侧播马铃薯产量结构分析项目见表 3。

表 3 黑膜全覆盖双垄侧播马铃薯产量结构分析项目、单位及精度

项目	株薯块重 (g)	屑薯①率 (%)	理论产量 (g/ m²)	鲜蔓重 (g/ m²)	薯与蔓比
精度	测量和平均0.1	1	0.01	0.1	0.01

① 屑薯:指最大直径≤2 cm 的马铃薯。

9.1.3　理论产量(g/m²):观测地段理论产量和实产

理论产量为分析计算产量,以 g/m² 表示,取两位小数。

地段实产,需在黑膜全覆盖双垄侧播马铃薯成熟后单独收获,或取约 100 m²(每区约 25 m²,根据株、行距计算实际面积)单收、称重,计算 1 m² 产量。地段实产面积以 m² 为单位,取一位小数。地段产量以 g/m² 为单位,取两位小数。

9.1.4　仪器及用具

天平:感量为 0.5~1.0 g,称重 5~10 kg 的天平一台。

采挖、盛放等所需的工具。

9.2　黑膜全覆盖双垄侧播马铃薯产量结构分析

9.2.1　取样

每个小区连续挖取 10 株,4 个小区共 40 株。复核样本是否为 40 株。

9.2.2　分析步骤和方法

a)　室内分析

清除薯块上的泥土,不分大小称薯块总重,记录;捡出薯块中最大直径≤2 cm 的屑薯,秤屑薯重,记录;称鲜蔓(地上全部茎、叶)总重。

b)　株薯块重(g):株薯块重(g)=40 株薯块总重÷40。

c)　屑薯率(%):屑薯率(%)=40 株屑薯总重÷40 株薯块总重×100%。

d)　理论产量(g/m²):理论产量(g/m²)=株薯块重×1 m² 株数(可收期测定值)。

e)　鲜蔓重(g/m²):鲜蔓重(g/m²)=40 株鲜蔓总重÷40×1 m² 株数(可收期测定值)。

f)　薯与蔓比:薯与蔓比=40 株薯块总重÷40 株鲜蔓总重。

注:发育期、密度均按《农业气象观测规范》对穴播作物规定的方法进行。

10　农业气象灾害、病虫害的观测和调查

10.1　主要农业气象灾害观测

10.1.1　观测的范围

农业气象灾害包括:水分因子异常引起如农业干旱、洪涝、渍害、雹灾、连阴雨等;温度异常引起如低温冷害、霜冻、雪灾、高温热害等;风引起如风灾;气象因子综合作用引起如干热风等。本标准观测的重点是危害大、涉及范围广、发生频率高的农业气象灾害。

a)　干旱:长期无降水或降水显著偏少,造成空气干燥、土壤缺水,从而使作物体内水分亏缺,正常生长发育受到抑制,最终导致减产的气候现象。发生在黑膜全覆盖双垄侧播马铃薯水分临界期的干旱,对产量影响最大。因此应特别注意其水分临界期的干旱观测。

b)　连阴雨:较长时期的持续阴雨天气,日照少、空气湿度大,影响黑膜全覆盖双垄侧播

马铃薯的正常生长或收获。

c)　霜冻：是指在黑膜全覆盖双垄侧播马铃薯生长期内，夜间土壤和植株表面的温度短时下降到 0℃以下，使植株体内水分形成冰晶，造成黑膜全覆盖双垄侧播马铃薯受害或死亡的低温冻害。

d)　高温热害：在黑膜全覆盖双垄侧播马铃薯生长期内，由于连续处在高于其生育适宜温度或受短期高温的影响，叶片变黄干枯，对其生长发育和产量形成造成损害。

10.1.2　观测的时间和地点

a)　观测时间：在灾害发生后及时进行观测。从黑膜全覆盖双垄侧播马铃薯受害开始至受害症状不再加重为止。

b)　观测地点：一般在黑膜全覆盖双垄侧播马铃薯生育状况观测地段上进行，重大的灾害，还要做好全县（市、区）范围的调查。

10.1.3　观测和记载项目

a)　农业气象灾害名称、受害期。

b)　天气气候情况。

c)　受害症状、受害程度。

d)　灾前、灾后采取的主要措施，预计对产量的影响，地段代表灾情类型。

e)　地段所在乡（镇）受害面积和比例。

10.1.4　受害期

a)　当农业气象灾害发生，作物出现受害症状时记为灾害开始期，灾害解除或受害部位症状不再发展时记为终止期，其中灾害如有加重应记载。霜冻、洪涝、风灾、雹灾等突发性灾害除记载作物受害的开始和终止日期外，还应记载天气过程开始和终止时间（以时或分计）。以台站气象观测记录为准。

b)　当有的农业气象灾害（哑巴灾）达到当地灾害指标时，则将达到灾害指标日期记为灾害发生开始期，并进行各项观测，如未发现黑膜全覆盖双垄侧播马铃薯有受害症状，应继续监测两旬，然后按实况作出判断，如判明其未受害，则记载"未受害"并分析原因，记入备注栏。

10.1.5　天气气候情况

灾害发生后，记载实际出现使黑膜全覆盖双垄侧播马铃薯受害的天气气候情况（表 4），在灾害开始、增强和结束时记载。

表 4　主要天气气候情况

名称	天气气候情况记载内容
干旱	最长连续无降水日数、干旱期间的降水量和天数与历年比、地段干土层厚度(cm)、土壤相对湿度(%)
连阴雨	连续阴雨日数、过程降水量、日照时数、相对湿度
霜冻	过程气温≤0℃持续时间,极端最低气温及日期
雹灾	最大冰雹直径(mm)、冰雹密度(个数/m²)或积雹厚度(cm)
高温热害	持续日数、过程平均最高气温、极端最高气温及日期

10.1.6　受害症状

记载黑膜全覆盖双垄侧播马铃薯受害后的特征状况,主要描述受害的器官(根、茎、叶、花、块茎),受害部位(植株上、中、下),并指出其外部形态、颜色的变化。根据以下特征,按实际出现情况记载并保存影像资料。

a)　干旱

(1)对播种不利、出苗缓慢不齐;缺苗、断垄;不能播种、出苗。

(2)叶子上部卷起;叶子颜色变黄或变褐;叶子变软、白天萎蔫下垂,夜间可以恢复或夜间不能恢复;叶子干缩、脱落。

b)　连阴雨

连阴雨灾害受害症状与发生的时段有关。主要危害黑膜全覆盖双垄侧播马铃薯的播种、收获,并易诱发晚疫病的发生发展。

c)　霜冻

黑膜全覆盖双垄侧播马铃薯受霜冻危害症状的显现,往往滞后到温度开始回升以后,因此应在出现0℃以下温度时,密切注意观察其受害症状,直到变化稳定后为止。

(1)叶片呈水浸状,叶子凋萎、变褐、变黑、边缘、上部、中部叶子受害,受害部分呈黄白色。

(2)茎秆呈水浸状、软化;茎和分枝变黑;上部、一半、全部干枯。

(3)花凋萎、变褐、脱落。

(4)整株黑膜全覆盖双垄侧播马铃薯冻死。

d)　雹灾

(1)叶子被击破、打落。

(2)茎秆被折断、植株倒伏、死亡。

(3)冰雹堆积植株遭受冻害;保护地段设施被毁。

e)　高温热害

黑膜全覆盖双垄侧播马铃薯上部功能叶片变黄早衰,下部叶片干枯。具体症状按高温危害后的实际表现记载。

10.1.7　受害程度

a)　植株受害程度:反映黑膜全覆盖双垄侧播马铃薯受害的数量,统计其受害百分率。方法是在受害程度有代表性的 4 个地方,分别数出一定数量(每区不少于25)的株数,统计其中受害(不论受害轻重)、死亡株数,分别求出百分率。大范围旱、涝等灾害,植株受害程度一致,则不需统计植株受害百分率,记载"全田受害"。

b) 器官受害程度:反映植株受害的严重性。目测估计器官受害百分率。

10.1.8 灾前、灾后采取的主要措施

记载措施名称、效果。如施药则要填写药品名称。

10.1.9 预计对产量的影响

按无影响、受灾、成灾、绝收划分,其中造成减产 3~7 成为成灾,8 成以上为绝收。

10.1.10 地段代表灾情类型

全县(市、区)范围内灾情分轻、中、重三类,记载地段所代表的灾情类型。

10.1.11 地段所在乡镇和全区域受灾面积及比例

调查记载黑膜全覆盖双垄侧播马铃薯和其他作物的受灾面积(hm^2)及比例,并注明资料来源。如灾后进行调查,全区域情况这里可不记载。

10.2 主要病虫害观测

10.2.1 观测范围和重点

病虫害观测主要以黑膜全覆盖双垄侧播马铃薯是否受害为依据。病害观测发病情况,虫害则主要观测直接为害虫态的危害情况,一般不做病虫繁殖过程的追踪观测。对发生范围广、危害严重的主要病虫害应作为观测重点。如黑膜全覆盖双垄侧播马铃薯的晚疫病、早疫病等。重点病虫害观测可与当地植保部门商定。

a) 晚疫病:马铃薯叶片边缘和尖端成暗绿色病斑,潮湿条件下病斑迅速发展,呈暗绿色水渍状的不规则形病斑,蔓延全叶,病叶的边缘向上卷曲干枯,以后在叶背病斑组织边缘产生白色的霉毛。

b) 早疫病:发病初期在小叶上出现褐色的同心轮纹,并干枯,或形成卵圆形或多角形,病斑周围有黄色的晕圈。一般植株的下部叶片先发病,逐渐向上蔓延。严重时叶片全部干枯,然后在干叶上产生黑色绒毛状霉状物。

10.2.2 观测时间

结合生育状况观测进行。如有病虫害发生应当即观测记载,直至该病虫害不再发展或加重为止。

10.2.3 观测地点

在观测地段上进行。同时记载地段周围情况,遇有病虫害大发生时,应在全县(市、区)范围内进行调查。

10.2.4　观测项目和记载方法

a)　病虫害名称：记载中文学名，不得记各地俗名。

b)　受害期：当发现黑膜全覆盖双垄侧播马铃薯受害时，记为发生期；病虫发生率高，病害记为盛发期、虫害记为猖獗期；病虫害不再发生时记为停止期。

c)　受害症状：记载受害部位和器官的受害特征。部位分上、中、下各部位，器官分根、茎、叶、花、块茎等。各种病虫害的危害特点和受害特征以文字简单描述，必要时增加影像资料。

d)　植株受害程度：

受害比较均匀的情况：

$$植株受害、死亡百分率 = \frac{受害、死亡株数}{总株数} \times 100\% \tag{7}$$

受害不均匀的情况：分别估计受害、死亡面积占整个地段面积的百分率。

e)　器官受害程度：采用目测估计器官受害的严重程度：叶、茎、分枝、花、块茎受害，估测受害植株中某受害器官占该器官总数的百分率。受害地段所在乡镇受害面积和比例。

f)　灾前、灾后采取的主要措施：预计对产量影响，受害地段代表灾情类型，受害地段所在乡镇受灾面积和比例。

10.3　主要气象灾害和病虫害调查

10.3.1　调查项目

a)　调查点受灾情况：灾害名称、受害期、代表灾情类型，受害症状、受害程度、成灾面积和比例，灾前、灾后采取的主要措施，预计对产量的影响、成灾的其他原因、减产趋势估计、调查地块实产等。

b)　区域内的受灾情况：区域内不同类型灾情，受灾主要乡镇，成灾面积和比例以及并发的主要灾害、造成的其他损失、县内资料来源。

c)　调查点的基本情况：调查日期、地点、位于气象站的方向和距离、地形、地势、前茬作物、品种类型、栽培方式、播种期、所处发育期、生产水平等。

10.3.2　调查方法

采用实地调查与访问调查相结合的方法。在灾害发生后选择能反映本次灾害的不同灾情类型（受灾、成灾、绝收）的自然村进行实地调查（如观测地段能代表某一种灾情等级，则只需另选两种调查点）。调查在灾情有代表性的田地上进行。调查时间以不漏测所应调查内容，并能满足情报服务需要为原则。根据不同季节、不同灾害由台站自行掌握。一般在灾害发生的当天（或第二天）及受害症状不再变化时各进行一次。如情报服务特殊需要应增加调查次数。

11 主要田间工作记载

11.1 观测记载时间

在发育期观测的同时,记载观测地段上实际进行的栽培管理项目、起止日期、方法和工具数量、质量及效果等。观测人员到达观测地段时,如果田间操作已结束,应立即向操作人员详细了解,并结合观测地段内黑膜全覆盖双垄侧播马铃薯状况的变化及时补记。避免虚假、片面和遗漏。

11.2 记载项目和内容

11.2.1 原则要求

a) 生产水平不同,栽培技术措施各地差别很大,要按实际的项目和内容,用通用术语记载项目名称,切忌地方俗语。马铃薯田间工作记载项目和内容分为整地、覆膜、播种、田间管理、收获等五个大项。

b) 同一项目进行多次的,要记明时间、次数。

c) 数量、质量、规格等的计量单位,一律按法定计量单位,如 kg、m³、m 等。

d) 各地使用农家肥的质量不同,尽量将地段各类肥料施用总量,按照农业部门通用的折合方法,折合成氮、磷、钾含量,记入该项目的备注栏。

e) 保护地栽培要记明类型、规格等。

11.2.2 整地

a) 耕地:地段本季首次耕犁记"耕地",再次翻耕记"第二次耕地"等。记载各次耕地的起止日期、耕地深度、使用农具型号等。

b) 镇压、耙地:耕犁后压碎、压平,耙细、耙平的次数、日期和农具型号。

c) 起垄覆膜:起垄和覆膜的日期,大、小垄高、垄宽,覆膜的方法,地膜的厚度、宽度等。

d) 膜上打孔:覆膜后,在地膜紧贴垄面后,注意收听气象信息,雨前在垄侧及垄沟内每隔50 cm 打孔,使垄沟内所集雨水能及时渗入土内。要记载打渗水孔的时间。

e) 切籽:记载种薯块的大小,以 g 为单位。

f) 种子处理:播前浸种、催芽、拌种等的日期、时间。浸种的水温和持续时间;药剂浸种拌种用药名称,比例数量,操作方法。

g) 大田播种:播种日期,播种量、深度,播种方式(穴播),播种使用的农具名称(使用点器或小锹等)。

11.2.3 田间管理

a) 中耕(除草、培土):当黑膜全覆盖双垄侧播马铃薯苗高 5 cm 时,田间结合除草,拔去病苗。田间工作记载中要记载日期、方法、次数。施用除草剂的浓度和方法等。

b) 施肥:底肥、追肥的肥料名称、数量、施肥日期、方法等。

c) 排灌水:有灌溉条件的地方,补灌时要记载灌溉或排水次数、日期、方式,时间(上午、中午、下午、夜间)。注意:一般前期少浇水,后期田间不能有积水。

    d)　防治病虫害:病虫害名称,施用农药或施放天敌名称、数量、浓度(比例)、日期及时间(早晨、中午、下午、傍晚)。无病虫危害的预防施药和病虫出现的治病治虫要分别记录清楚,两者兼有记为"防治"。施药方法和器械名称。

    e)　灾害天气的防御或补救措施:如防御低温、霜冻的灌水、熏烟、覆土、覆盖,防御干旱的耙土,防御冰雹的措施、方法、日期等。

11.2.4　收获

收获日期,收获方式,使用机具名称和型号,或者人工收获。

11.2.5　其他

人为其他活动影响地段黑膜全覆盖双垄侧播马铃薯生长发育也应记载。

11.3　质量和效果评定

    a)　实施农业技术措施的田间作业,其质量除受到人为操作影响外,与天气条件关系极为密切,实际质量按"优良""中等""较差"三级予以评定记载。

    b)　各项田间工作质量评定方面:

(1)整地:整地时间是否适宜,整地深度是否达到要求,有无漏耕、地表平整程度等。

(2)播种:有无漏播。播种深度、中耕深度、株行距是否符合要求等。

(3)田间管理:各项农技措施是否达到要求。如培土高度、中耕深度、杂草除净度、施药比例和喷洒均匀程度、施肥、灌水均匀程度等。

(4)收获:收获是否适时,收获物损失多少等。

(5)凡质量评定为较差应说明原因,是天气影响,还是土壤状况不适于田间作业,或是人为组织和技术上的原因。

12　观测记录簿、表的填写

12.1　农气簿—1—1 的填写

农气簿—1—1 供填写黑膜全覆盖双垄侧播马铃薯生育状况观测原始记录用。要随身携带,边观测边记录。

12.1.1　封面

    a)　省和台站名称:台站名称应按上级业务主管部门命名填写。

    b)　黑膜全覆盖双垄侧播马铃薯名称、品种名称、熟性:按照农业科技部门鉴定的名称填写,不得填写俗名。

    c)　栽培方式:如为间套作,记载间套作物名称。

    d)　起止日期:第一次使用簿的日期为起日;最后一次使用簿的日期为止日。

12.1.2　观测地段说明和测点分布图

a)　观测地段说明:按照4.4.3.2规定的内容逐项顺序填入。

b)　地段分区和测点分布示意图:将地段的形状、分区及发育期、植株高度、密度等测点标在图上,以便观测。

12.1.3　发育期观测记录

a)　发育期:记载发育期名称。观测时未出现下一发育期记"未"。黑膜全覆盖双垄侧播马铃薯播种期作为发育期的开始期必须记载,一般可收期为发育终止期,如果黑膜全覆盖双垄侧播马铃薯提前收获,则记收获日期,并注明提前收获的原因。

b)　观测总株数:需统计百分率的发育期第一次观测时记载一次,记载4个测点观测的总株数。注意为各穴株总数。

c)　进入发育期株数:分别填写4个测点观测植株中进入发育期的株数,并计算总和及百分率。

d)　生长状况评定:根据本《方法》6.4.2节的规定分一、二、三类记入发育期观测记录页内。

12.1.4　植株生长高度测量记录

a)　发育期:填写黑膜全覆盖双垄侧播马铃薯高度测量时所处的发育期。

b)　4个测点按顺序逐株测量,并计算合计、总和及平均。

12.1.5　植株密度测定记录

a)　发育期:填写黑膜全覆盖双垄侧播马铃薯密度测定时所处的发育期。

b)　测定过程项目:穴播均填写测定1m内行数的"量取宽度"和"所含穴距数"及测定1m内株数的"量取长度",并记录在双线上。每次进行密度测定时在双线下填写量取长度的"所含株数"。间套作因栽培方式不同,密度测定方法各异,按照实际测定项目填写。

c)　1m内行、株数:双线上填写通过"量取长度"和"所含行距数"总和计算的1m内行数。双线下填写通过"量取长度"和"所含株数"总和计算的1m内株数。

d)　1 m² 株数:双线下填写。

e)　间套作密度测定记录:地段如共生2种或以上观测作物,则分别测定、填写,如只观测黑膜全覆盖双垄侧播马铃薯,则只需记载黑膜全覆盖双垄侧播马铃薯的密度。

12.1.6　大田生育状况观测调查记录

a)　地点:填写观测调查所在乡镇及田地所在单位名称或个人姓名。

b)　田地生产水平:参照4.4.3.2中j)的规定填写,其中将中上和中下合记为中,只记上、中、下三级。

c)　播种、收获日期、单产:向田地所在单位或个人调查。

d)　日期:田地实际观测调查日期。当地段黑膜全覆盖双垄侧播马铃薯进入规定的发育普遍期时开始进行大田观测调查。

e) 发育期:目测记载观测调查田地黑膜全覆盖双垄侧播马铃薯所处的发育期,以未进入某发育期、始期、普遍期、末期或发育期已过等记载。

f) 高度、密度(株数):测定项目分别记于植株高度、密度测定记录页。备注栏注明为大田生育状况观测调查记录。测定结果抄入大田生育状况观测调查页内。

g) 生长状况评定:记载观测调查田地黑膜全覆盖双垄侧播马铃薯生长状况评定结果。

12.1.7 产量结构分析记录

a) 分单项记录和计算结果记录两部分。

b) 各项分析记录按照 9.1.2 节中表 3 的先后次序逐项填写。

c) 分析计算过程记入分析计算步骤栏,计算最后结果记入分析结果栏。

d) 地段实收面积、总产量:在黑膜全覆盖双垄侧播马铃薯收获期与田地使用单位或户主联系进行单独收获,地段实收面积以 m^2 为单位,其总产量以 kg 为单位,最后换算出每 m^2 产量,以 g 为单位。

12.1.8 观测地段农业气象灾害和病虫害观测记录

a) 灾害名称:农业气象灾害按 10.1.1 规定和普遍采用的名称进行记载,病虫害按 10.2.1 的规定和植保部门的名称进行记载,不得采用俗名。农业气象灾害和病虫害按出现先后次序记载。如果同时出现两种或以上灾害,先记重的后记轻的,若分不清,可综合记载。

b) 受害期:记载农业气象灾害或病虫害发生的开始期、终止期。有的灾害受害过程中有发展也应观测记载,以便确定农业气象灾害严重日期和病虫害猖獗日期。突发性的灾害天气,以小时或分记录。

c) 天气气候情况:农业气象灾害发生后按表 4 内容记载,病虫害不记载此项。

d) 受害症状:灾害发生后,对黑膜全覆盖双垄侧播马铃薯受害症状参照有关规定和实况描述记录。

e) 受害程度:植株受害程度,分别统计记载 4 个测点观测黑膜全覆盖双垄侧播马铃薯总株数(记载斜线下),受害、死亡株数(记在斜线上),再分别求出平均受害、死亡百分率。受害不均匀时,记载受害、死亡面积占整个地段面积的百分率。器官受害程度,记载目测估计器官受害百分率。

f) 灾前、灾后采取的主要措施、预计对产量的影响、地段代表的灾情类型:按 10.1.8~10.1.10 有关项目的规定记载。

g) 地段所在乡镇和全区域受灾面积和比例:此项为调查记录,黑膜全覆盖双垄侧播马铃薯和其他作物分别记载,并注明范围和资料来源。

12.1.9 农业气象灾害和病虫害调查记录

a) 按"农业气象灾害和病虫害调查记录"表格要求,参照观测地段灾害填写有关规定,逐项记载。未包括的内容但造成灾害有影响,在成灾的其他原因栏中进行分析记载。

b) 灾害在区域内分布,分别记载受同类灾害危害的轻、中、重乡镇,如整个乡镇受灾则记乡镇名称和数量。

c) 区域内成灾面积和比例,统计成灾面积,受害未成灾则不统计。

d) 并发自然灾害,由于某种灾害发生而引发的其他灾害,如暴雨引起的泥石流等。

12.1.10 主要田间工作记载

由于并非每天进行观测,为不漏记,应经常与所在单位或个人取得联系及时记载。

12.1.11 生育期农业气象条件鉴定

归纳当年黑膜全覆盖双垄侧播马铃薯生长发育期间的气候特点,对各时段气象因子的利弊简要评述,采用与历年和上一年资料对比的方法写出鉴定意见。评述的重点是气象因子对产量形成的作用和贡献,以及对品质的影响。

全县(市、区)平均产量,从县(市、区)统计局获得。与上年比增、减产百分率以县(市、区)平均产量由下式计算,增产记"＋",减产记"－",并注明资料来源。

$$增、减产百分率 = \frac{当年产量 - 上年产量}{上年产量} \times 100\% \tag{8}$$

12.2 农气表—1 的填写

农气表—1 为黑膜全覆盖双垄侧播马铃薯全生育期的生育状况观测综合记录表。

12.2.1 一般规定

a) 农气表—1 的内容抄自农气簿—1—1 相应栏。

b) 地址、北纬、东经、观测场海拔高度以地面气象观测站所在位置记录。

c) 产量结构分析结束后,立即制作报表、抄录、校对、预审。

d) 各项记录统计填写最后的结果。

12.2.2 发育期

a) 按照发育期出现的先后次序填写发育期名称。并填写始期、普遍期的日期。不进行百分率统计的目测发育期日期填入普遍期栏。

b) 播种到可收期天数,从播种的第二天算起至可收期的当天的天数。如在可收期前收获,在这种情况下,可改记播种到收获的天数。

12.2.3 生长高度、密度、生长状况

抄自农气簿—1—1 观测地段高度测量、密度测定、生长状况评定记录页。

各项测定值填入规定测定的发育期相应栏下。

12.2.4 产量结构

a) 项目栏按 9.1.2 项目顺序填入并注明单位。测定值抄自农气簿—1—1 分析结果栏的数值。

b) 地段实产抄自农气簿—1—1 相应栏。

12.2.5　观测地段农业气象灾害和病虫害

a) 农业气象灾害和病虫害观测调查记录根据农气簿—1—1相应栏的记录,对同一灾害过程先进行归纳整理,再抄入报表。先填写农业气象灾害,再填写病虫害,中间以横线隔开。

b) 受害期,大多数灾害记开始和终止日期,有的灾害有发展、加重,农业气象灾害还应填写灾害严重的日期,病害填写盛发期,虫害填写猖獗期。突发性天气灾害应记到小时或分钟。

c) 受害症状,按发生的过程特征简要描述。

d) 天气气候情况,将农业气象灾害发生的开始期、严重期及灾害终止时的天气气候情况归纳整理填入。

e) 植株受害和器官受害的程度,填写灾害发生的开始期、严重(猖獗)期、终止期的受害程度。

12.2.6　主要田间工作记载

根据农气表—1的格式逐项抄自农气簿—1—1相应栏。若某项田间工作进行多次,且无差异,可归纳在同一栏填写。

12.2.7　大田生育状况观测调查

根据表格项目按产量水平、观测调查地点分类整理填入。高度、密度测定栏均抄自农气簿—1—1有关大田生育状况观测调查记录。

12.2.8　农业气象灾害和病虫害调查

a) 按照农气表—1的格式内容,将农气簿—1—1同一过程的农业气象灾害或病虫害各点调查内容综合整理填写在一个日期栏内。

b) 调查日期,各点如不是同一天调查,则记调查起止日期。

c) 灾害在县内分布,应分别注明此次灾害受害轻、中、重的区、乡名称、数量。

d) 灾情综合评定,某次灾害就全县范围内的灾情与历年比较和对产量的影响,按轻、中、重记载。

e) 资料来源,注明提供全县范围的调查资料的单位名称。

12.2.9　观测地段说明、生育期农业气象条件鉴定

摘自农气簿—1—1。

13　土壤水分

13.1　土壤湿度测定的一般规定

a) 测定地段:黑膜全覆盖双垄侧播马铃薯生育状况观测地段。

b) 测定时间:从黑膜全覆盖双垄侧播马铃薯播种到可收的时段内,每旬第8天采用烘干

称重法进行土壤湿度测定,如条件许可,可用自动土壤水分仪作为辅助观测方法。黑膜全覆盖双垄侧播马铃薯播种和可收期距逢 8 日期超过 2 天时,应加测土壤湿度。

c) 黑膜全覆盖双垄侧播马铃薯观测地段土壤湿度的测定时间定在上午。具体测定时间要在记录簿的备注栏注明。

d) 测定深度:黑膜全覆盖双垄侧播马铃薯观测地段测定深度均为 50 cm。分 0～10 cm、10～20 cm、20～30 cm、30～40 cm、40～50 cm 等 5 个层次。

e) 测定重复:4 个重复。

f) 计算项目:土壤重量含水率、土壤相对湿度、土壤水分总贮存量和有效水分贮存量。

g) 特殊情况处理的规定:降水或灌溉影响取土时,可顺延到降水或灌溉停止,可以取土时补测。当顺延日期超过下旬第 3 天时,则不再补测。出现此情况时,应在记录簿的备注栏内注明详细情况。

13.2　烘干称重法测定土壤湿度

烘干称重法是用土钻从黑膜全覆盖双垄侧播马铃薯观测地段取回各个要求所有重复的土样,称重后送入一定温度的烘箱中烘干再称重,两次重量之差即为土壤含水量,土壤含水量与干土重的百分比即为土壤重量含水率。

a) 仪器及工具

(1)土钻、盛土盒、刮土刀、提箱。

(2)电子天平、烘箱、高温表。

盛土盒盒身、盒盖要标上相同号码。每年第一次取土前应称量盛土盒的重量,以 g 为单位,取一位小数,记录在土壤湿度记录簿的最后一页。

b) 测定程序

(1)下钻地点的确定:把观测地段分为 4 个小区,并做上标记。每次在各小区取一个重复。取土下钻地点应距前次测点 1～2 m,且在两行黑膜全覆盖双垄侧播马铃薯的两株中间取土;采用地膜覆盖种植的黑膜全覆盖双垄侧播马铃薯地段,则每次破膜测定,取土完毕后应做上标记。

(2)钻土取样:垂直顺时针下钻,按所需深度由浅入深,顺序取土。当钻杆上所刻深度达到所取土层下限并与地表平齐时,提出土钻,即为所取土层的土样,如取 0～10 cm 的土样,当钻杆上的刻度 10 与地表平齐时即可。将钻头零刻度以下和土钻开口处的土壤及钻头口外表的浮土去掉,然后将钻杆平放,采用剖面取土的方法,迅速地用小刀刮取土样 40～60 g,放入盛土盒内,随即盖好盒盖,再将钻头内余土刮净并观测记录该土层的土壤质地。按上述步骤依次重复取出各个深度的土样。所有土样取完后将土钻擦干净,以备下次使用。

(3)称盒与湿土共重:土样取完带回室内,擦净盛土盒外表泥土,然后校准电子天平逐个称量,以 g 为单位,取一位小数,再复称一遍。

(4)烘烤土样:在核实称重无误后,打开盒盖,将盒盖套在盒底,放入烘箱内烘烤。烘烤温度应稳定在 100～105 ℃。烘土时间的长短以土样完全烘干、土样重量不再变化为准,具体时间视土壤性质而定。从烘箱内温度达到 100 ℃开始记时,一般沙土、沙壤土 6～7 h,壤土 7～8 h,黏土 10～12 h。然后从上、中、下不同深度层次取出 4～6 盒称重,再放回烘箱烘烤 2 h,复称一次。如前、后两次重量差均≤0.2 g,即取后一次的称量值作为最后结果,否则,按上述方法继续烘烤,直到相邻两次各抽取样本的重量差均≤0.2 g 为止。

（5）称盒与干土重：烘烤完毕，断开电源，待烘箱稍冷却后取出土样并迅速盖好盒盖，进行称量，然后复称一遍，当全部计算完毕经检验确认无误时，倒掉土样，并将土盒擦洗干净，以备下次使用。

（6）计算重量含水率：土壤含水量占干土重的百分比即为重量含水率。

$$W = \frac{g_2 - g_1}{g_3 - g_2} \times 100\% \tag{9}$$

式中：

W ——土壤重量含水率（%）；

g_2 ——盒与湿土共重（g）；

g_1 ——盒重（g）；

g_3 ——盒与干土共重（g）。

先算出各个深度每个重复的土壤重量含水率，再求出各个深度 4 个重复的平均值，均取一位小数。

13.3 土壤相对湿度和土壤水分贮存量的计算

a) 土壤相对湿度：

$$R = \frac{W}{F_c} \times 100\% \tag{10}$$

式中：

R ——土壤相对湿度（%），取整数记载；

W ——土壤重量含水率（%）；

F_c ——田间持水量（按重量含水率表示）。

当重量含水率大于田间持水量时，应在备注栏内注明。

b) 土壤水分贮存量

（1）土壤水分总贮存量：指一定深度（厚度）的土壤中总的含水量，以水层深度 mm 表示，取整数记载。

$$V = \rho \times h \times w \times 10 \tag{11}$$

式中：

V ——土壤水分总贮存量（mm）；

ρ ——地段实测土壤容重（g/ cm^3）；

h ——土层厚度（cm）；

w ——土壤重量含水率（%）。

（2）土壤有效水分贮存量：指土壤中含有的大于凋萎湿度的水分贮存量。

$$U = \rho \times h \times (w - w_k) \times 10 \tag{12}$$

式中：

U ——有效水分贮存量（mm）；

ρ ——地段实测土壤容重（g/ cm^3）；

h ——土层厚度（cm）；

w ——土壤重量含水率（%）；

　　w_k——凋萎湿度(用重量含水率表示)。

13.4　地下水位深度

　　a)　测定地点:除地下水位深度常年大于 2 m 的地方外,均应进行地下水位深度的测定。一般在黑膜全覆盖双垄侧播马铃薯观测地段附近选定能代表当地地下水位的、供灌溉或饮水使用的水井进行测定。周年测定。

　　b)　测定时间:在土壤湿度测定日的上午进行。为测定准确,一般在早晨进行,当水井水位因灌溉或饮用等人为因素发生变化时,应在水井水位恢复到正常时进行补测。

　　c)　测定方法:用绳、杆、皮尺进行测量(绳、皮尺下端应系一重物),以 m 为单位,取一位小数。地下水位深度大于 2 m 的地区,第一次观测记录后可不再进行观测,但每次使用观测记录簿要记录一次。

13.5　干土层厚度

　　干土层的深浅是干旱程度的标志,每次测定土壤湿度时都要做干土层的测定,当干土层厚度≥3 cm 时进行记载。

　　a)　测定地点:在马铃薯观测地段上进行。

　　b)　测定时间:与土壤湿度测定同时进行。

　　c)　测定方法:在地段有代表性处,用铁铲切一土壤垂直剖面,以干湿土交界处为界限用直尺量出干土层厚度,以 cm 为单位,取整数记载。如降水渗透后湿土下有干土层,仍应观测记载干土层厚度,并在备注栏内注明。

13.6　降水渗透深度

　　a)　测定地点:在黑膜全覆盖双垄侧播马铃薯观测地段上进行。

　　b)　测定时间:在土壤干土层(包括湿土下的干土层)厚度≥3 cm、日降水量≥5 mm 或过程降水量≥10 mm 时,降水后根据降水量大小,待雨水下渗后及时测定。

　　c)　测定方法:雨水下渗后,用铁铲切一土壤垂直剖面,用直尺从土壤表面量至降水下渗的湿土处,以 cm 为单位,取整数记载。

14　土壤水分测定记录簿、表的填写

14.1　封面

　　a)　作物名称:填写地段种植的黑膜全覆盖双垄侧播马铃薯名称。

　　b)　品种类型、熟性、栽培方式:同农气簿—1—1。

　　c)　起止日期:填写该簿第一次和最后一次使用的日期。

14.2　测定地段说明

　　a)　地段号码或名称。

　　b)　地段地形、地势。

c)　土壤质地、酸碱度。

d)　灌溉条件、水源。

e)　土壤水文、物理特性测定值。

田间持水量、土壤容重、凋萎湿度按不同深度填入相应数值。

14.3　土壤水分测定记录

a)　发育期:填写土壤湿度测定时,地段上黑膜全覆盖双垄侧播马铃薯旬内所处发育普遍期,普遍期 3 字可以不写,旬内未出现发育普遍期时,发育期栏空白不填。

b)　盒号、盒重:依盒号顺序填入,并将其重复填入相应栏内(含水重、干土重可不填入)。

c)　各重复的盒与湿土共重、烘后盒与干土共重、土壤重量含水率等各项根据规定逐项计算填写。

d)　样本土壤质地在土壤质地无变化的情况下,可以只记录一次。

e)　平均土壤重量含水率及土壤相对湿度:

(1)平均土壤重量含水率:将各重复同一深度的土壤重量含水率按重复填入土壤重量含水率栏内,求其总和与平均。如果某一重复的某一深度土壤重量含水量缺记录,该深度的总和和平均值外加"()"。如同一深度缺少两个记录,则不求总和、平均,该栏划一"—"。

(2)土壤相对湿度:按规定计算,填入该栏。缺记录处理同土壤重量含水率。

f)　降水、灌溉日期及量:降水、灌溉日期及降水量填写两次取土期间的日期和总量,每次取土时间要记入备注栏。降水量前面加"·"的符号,灌溉以"≈"符号表示,若是连续降水,日期以横线连接,间隔降水日期中间加顿号。

g)　土壤水分贮存量:土壤水分总贮存量和土壤水分有效贮存量按规定填写。

h)　地下水位深度、干土层厚度、渗透深度:地下水位深度记入每次测定的记录页首。干土层厚度、渗透深度记入土壤重量含水率记录末页的相应栏内。如湿土渗透层下有干土层时仍应记载并在备注栏内注明。

14.4　农气表—2—1 的填写

a)　土壤湿度测定记录

(1)各层次土壤重量含水率、土壤相对湿度、干土层厚度、降水渗透深度,黑膜全覆盖双垄侧播马铃薯发育期、降水日期和降水量、灌溉日期及灌溉量,以及地段说明和土壤水文、物理特性常数等各项抄自农气簿—2—1。降水渗透深度按日期顺序填写,每栏填写两个数值,上面填写渗透深度,下面填写日期,中间用斜线隔开。

(2)土壤水分总贮存量和土壤水分有效贮存量:抄自农气簿—2—1,填入相应栏。

b)　土壤水分变化情况评述

概述一年来该地段土壤水分的变化情况对黑膜全覆盖双垄侧播马铃薯生长发育满足程度及其与降水、灌溉等的关系。

c)　纪要栏

将农气表—2—1 中备注栏和纪要栏进行整理,选择重要内容填入。

注:黑膜全覆盖双垄侧播马铃薯农气簿—1—1、农气簿—2—1、农气表—1、农气表—2—1 等的记录填写可参照《农业气象观测规范》。

保险公司和气象部门关于马铃薯农业保险的《合作协议书》

以定西为例:

甲方:定西市气象局

法定代表人:×××

地址:定西市安定区气象新村 50 号

乙方:×××保险股份有限公司定西市中心支公司

法定代表人:××× ×××

为协同推进定西市马铃薯农业保险工作,发挥气象部门在马铃薯农业保险中的承保、查勘、定损理赔、防灾防损及宣传等作用,提高农业保险工作的科学性、合理性,同时发挥保险公司在农业保险中的作用,经定西市气象局和×××保险股份有限公司定西市中心支公司共同商定,就如下事项开展合作:

一、承保

1. 马铃薯种植风险区划和风险评估。在定西市精细化的农业气候区划和气象灾害风险基础上,开展马铃薯种植业保险风险区划和马铃薯种植保险风险评估工作,为科学开发马铃薯农业保险产品,合理确定马铃薯保险费率和赔付率提供科学依据。

2. 马铃薯全生育期农业气象服务。为进一步做好定西市马铃薯安全生产,达到防灾减灾躲灾的目的。

3. 马铃薯种薯推广的气候可行性论证。为马铃薯原原种、原种和栽培种安全推广提供气候可行性论证报告,使得引种定西马铃薯原原种、原种和栽培种能在引种当地合理利用气候资源,避免因气候不适宜而产生不必要的马铃薯种植风险和保险赔付。

二、查勘、定损和理赔

1. 马铃薯农业气象灾害损失评估。针对高温热害、霜冻和连阴雨等气象灾害过程进行跟踪评估,建立全面、科学、系统的马铃薯农业气象灾害损失评估指标体系,提供灾前预评估、灾中评估和灾后评估报告,为快速理赔和合理理赔提供科学依据。针对马铃薯生育过程中具体理赔的农业气象灾害事件进行评估,提供理赔依据。

2. 马铃薯农业气象灾害指数保险业务。研究气候变暖背景下的定西市农业气象灾害事件发生分布规律及其对马铃薯生长发育的影响,探索开发马铃薯高温热害、马铃薯晚疫病等农业气象灾害和病害指数保险业务,拓展保险业务空间,提高农业气象保险服务水平。

三、防灾防损

1. 利用现有的气象监测站网,在马铃薯重点农业保险区域,气象灾害高风险区安装专用的马铃薯田间小气候仪和在马铃薯脱毒种薯种植棚内安装智慧型小气候仪,实现实时监控农田和温棚马铃薯农业气象数据及农业气象灾害。

2.加强定西马铃薯农业气象服务平台的建设。在现有的定西马铃薯农业气象服务微信公众平台的基础上,根据不同的马铃薯参保对象的需求,建设以手机、电话、QQ、邮箱等网络为主要手段的服务产品接收平台,确保参保对象能及时获取马铃薯农业气象灾害预警信息。

3.马铃薯农业气象服务产品。利用定西马铃薯农业气象服务微信公众平台,向马铃薯参保农户提供马铃薯适宜播种期预测、马铃薯晚疫病气象等级预测、马铃薯价格预测、马铃薯初终霜冻早晚及强度预测、马铃薯产量预报等重要服务产品。

四、政策宣传

利用村村响大喇叭、定西电视天气预报节目、防灾减灾宣传、科普周宣传、安全生产月宣传等向广大农户宣传政策性农业保险知识和马铃薯气象灾害防御知识,引导马铃薯种植大户自愿参保,扩大保险覆盖面和渗透度,以充分发挥保险经济补偿和社会管理功能。

五、开展科研合作

双方应就马铃薯种植风险区划、马铃薯灾害评估、马铃薯灾害监测预警、马铃薯保险产品开发等技术环节加强科研合作,不断提高政策性农业保险工作的科学性、合理性。双方应就马铃薯农业自然灾害损失与气象的关系等数据加强共享、整理、分析,从而进一步提高农业保险的经营水平和马铃薯种植生产中防御农业气象灾害的能力。

六、定期召开工作例会

双方在马铃薯播种前、马铃薯生育关键期、晚疫病等重大农业气象灾害发生前召开工作例会,通报工作进展,研究近期马铃薯农业生产中的应对措施和改进合作事项等。

七、其他事项

协议未尽事宜双方协商解决,本协议一式四份,双方各持两份,双方签字盖章后协议生效。

甲方:　　　　　　　　　　　　　　乙方:

签字:　　　　　　　　　　　　　　签字:

　　　年　　月　　日　　　　　　　　　年　　月　　日

图 1.3 马铃薯因旱块茎萎蔫 　　图 1.4 定西市安定区 2014 年 9 月降水特多，
　　　　　　　　　　　　　　　　　　　　导致收获期马铃薯块茎腐烂

图 2.4 调查马铃薯晚疫病

图 2.5 2015 年 10 月 1 日定西农试站试验田马铃薯受霜冻影响状况

马铃薯旱情调查

党参因旱茎叶干枯

腐烂的马铃薯

图 4.3　马铃薯早疫病

图 4.4　花叶型病毒病

图 4.5　S 型病毒病

图 4.6 卷叶型病毒病

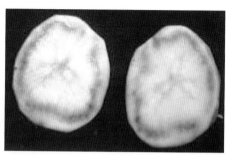

图 4.7 马铃薯环腐病

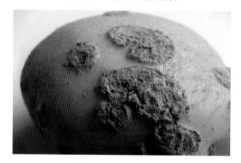

图 4.8 马铃薯疮痂病

图 4.9 蚜虫

图 4.10 蛴螬

图 8.5 马铃薯采挖后变青